JN436948

김한성·이지환·김택중 지음

TOURMANIUM

인체에 이로운 광물

토르마늄

– 바이오세라믹의 효능과 응용 –

연세대학교 대학출판문화원

When money is lost, a little is lost.

When time is lost, much more is lost.

When health is lost, practically everything is lost.

돈을 잃으면 조금 잃는 것이고,

시간을 잃으면 조금 더 많이 잃는 것이고,

건강을 잃으면 모든 것을 잃는 것이다.

– Ernie J. Zelinski

머리말

100세 시대를 맞아 인간의 수명이 연장되면서 건강한 삶에 대한 관심이 높아졌다. 단순히 오래 사는 것이 아니라 건강하게 잘 사는 것이 중요한 시대가 된 것이다.

바이오세라믹이라 불리는 '토르마늄'에 대한 연구는 2009년 우주과학기술 분야의 발전을 위한 한국 마이크로중력학회 창립 당시, 초대 학회장으로 위촉된 인하대학교 신소재공학과 이지환 교수와의 만남으로 시작되었다. 우주인의 건강에 관한 연구 중, 토르마늄이 인체에 미치는 '바이오세라믹의 효과와 응용'에 대한 재료공학 및 의공학적 근거를 분석하고자 함께 손을 잡았다.

'토르마늄'의 원소 중 하나인 게르마늄은 채널A 《이영돈 PD, 논리로 풀다》라는 프로그램에서 세계가 주목하는 원소로 뇌수막성 종양 환자의 경련을 멈추게 하고 백혈병 환자의 백혈구 수치를 높여주는 등의 호전효과를 보였다고 소개하였다. 하지만 당시의 국내 연구는 턱없이 부족한 실정이었기에 연구를 위한 우리들의 만남은 우연으로 시작된 필연으로 이어졌다고 할 수가 있다.

그 후, 누가의료기는 바이오세라믹인 '토르마늄'에 대한 신물질 기술을, 독일 Fraunhofer IKTS-MD 연구소는 세계 최고 수준의 나노다이아몬드 기술을 보유하고 있었던 때에 마침 필자의 연구팀은 김택중교수와 함께 Fraunhofer IKTS-MD 연구소와 공동연구를 지속하고 있었다. 그 결과 연세대학교, Fraunhofer IKTS-MD 연구소, 누가의료기의 노력으로 설립된 NUGA Lab GmbH에서 세계 최초로 나노다이아몬드와 바이오세라믹 토르마늄을 적용하여 신개념 '나노-다이아몬드 토르마늄 (Nano-Diamond Tourmanium : NDT)'을 개발하는 데까지 이르게 되었다.

본서는 필자가 다년간 국내외적 기초공동연구와 산·학협동연구의 결과를 체계적으로 정리한 책으로 독자 여러분의 건강한 생활에 도움이 되기를 간절히 바라는 마음이다. 또한 이 책을 읽고 있는 독자들에게 매력적으로 다가올 것이라고 확신하며, 바이오세라믹 토르마늄이 한몫을 해낼 것이라 굳게 믿고 있다.

마지막으로, 본서의 집필에 사진과 자료를 제공해주신 독일 프라운호퍼 세라믹연구소의 Juergen Schreiber 박사, 연구에 많은 협조와 도움을 주신 누가의료기 조승현 회장, 연세대학교 대학출판문화원을 비롯한 관계자 여러분들께도 깊은 감사의 뜻을 전한다.

2017년 10월

연세대학교 의공학부 연구실에서

김한성

서 론

'오래 살기'는 인류의 가장 보편적인 욕망이다. 의학과 제약의 발달은 질병으로 인한 사망률을 급격히 떨어뜨려 인류가 원하던 욕망을 충족하는 데 일조하였다. 이러한 노력의 산물로 '수명 100세'의 봉인이 급속히 풀리고 있다. 유엔 추계에 따르면 2015년 100살이 넘은 사람은 전세계 45만 1천 명으로 15년새 4배 이상 늘었으며, 2050년에는 370만 명으로 늘어난다고 예측하고 있다. 이제는 현대 의학수준에서 큰 질병 후유증 없이 일상생활을 활발히 할 경우 거의 모두 100세로 간다고 봐야 한다. 하지만, 이것이 축복인지 저주인지는 알 수 없다. 인류가 진정으로 바라는 건 단순히 오래 살기가 아닐 것이다. 바로 '건강하게 오래 살기'다. 이 역시 의학과 제약의 발전에 기대어 볼 수 있겠지만 '건강하게'란 단순히 질병이 없다라는 사전적 의미만을 내포하고 있지는 않다. 오히려 '행복하게, 편안하게'라는 추상적 의미에 더 큰 가치가 있다. 한국보건사회연구원에서는 우리나라 노인자살률이 10만 명당 2000년 43.2명에서 2010년 80.3명으로 10년 동안 거의 두 배 가까이 증가했다고 보고한다. 우리나라 노인 자살의 큰 비중을 차지하고 있는 두 가지 이유는 건강(32.7%)과 경제적 결핍(30.9%)이라고 한다. 경제적 결핍 역시 노화 및 신체적 질환으로 인한 의료비 지출로 인한 경우가 많으므로 건강의 상태가 노년의 삶의 질에서 가장 큰 비중을 차지한다고 할 수 있다. 즉, 단순히 오래 사는 것이 아니라, 건강하게 잘 사는 것이 중요한 시대가 되었다. 따라서 우리는 행복하고 편안한 삶을 통해 건강을 유지하는 방법에 관심을 기울여야 한다.

요즘 방송을 보면 건강하게 사는 법에 대한 내용이 넘쳐난다. 단순하게는 소식(小食)을 하고, 술·담배를 피하며, 좋은 음식을 먹고, 규칙적으로 운동도 하고, 스트레스도 받지 말아야 한다. 어찌 보면 모든 게 매우 쉬워 보이는 단순 실천 사항이다. 그러나 안타깝게도 현실은 그렇게 달콤하지 않다. 현대인들은 너무도 바쁜 나날을 살아간다. 많은 일을 해내야 하고, 그에 뒤따르는 스트레스는 피할 수 없는 일상이 되어버린 지 오래다. 상황이 이러다 보니 건강에 대한 관심에 비해 충분한 실천은 행하지 못하고 살아간다. 따라서 우리는 피할 수 없는 현실을 인정하면서도 그 안에서 건강하게 살 수 있는 방법을 강구해야 한다. '80세 컷 오프라인'이라는 말이 있다. 80세 통과 시점의 몸 상태를 의미하는 말로 누가 100세 건강 장수를 할지 미리 알 수 있는 심사 관문을 뜻한다. 그 이후에는 새로운 질병이 적게 생기고, 발생해도 진행이 느리다고 한다. 즉, 80대 건강 상태가 100세 건강 장수를 결정짓는 셈이다. 그런데, 노년기 질병의 발병 추세는 70대에 폭증하는 추세로 골다공증이나 뇌혈관 질환, 관상동맥 질환, 심장 판막 퇴행성 질환, 백내장, 녹내장, 불안 장애와 같은 거의 모든 노년기 질병에서 같은 추세를 보인다. 즉, 100세 건강 장수를 위해서는 70대 전에 노년기 질환에 대한 방비를 철저히 하여야 한다는 것이다. 여러 방법이 있겠지만 너무도 바쁜 나날을 보내는 현대인들에게 본 저서를 통해 필자들이 제안하고자 하는 방법은 간단하게 인체에 좋은 효과를 내는 특정 재료를 침대, 옷 등과 같은 생활 용품에 적용해보자는 것이다. 물론 철저한 과학적 검증을 전제로 한다.

'자연치유'라는 말을 들어 보았을 것이다. 심심치 않게 들을 수 있는 삼림욕을 통하여 현대의학으로 극복할 수 없는 말기암이나 난치병 환자들이 기적적으로 건강을 회복하였다는 사례들이 그 예다. 도대체 무엇이 그들을 치유한 것일까. 관련 전문가들이 설명하기를 첫 번째로 현대 과학 기술을 통해 입증되어 이제는 익숙하게 들을 수 있는 '피톤치드'라는 성분이 인체의 면역력을 증대시키고, 질병 치료하는 효과를 일으킨다고 한다. 둘째로 숲이 품고 있는 고농도의 음이온이 신체에 흡수되면서 면역력을 높이는 효능을 일으킨다고 한다. 또한 숲이 품고 있는 양질의 산소들은 몸속 나쁜 활성산소를 몰아내고 암을 치유하는 효과가 있다고 설명한다. 물론 이러한 설명에 대하여 입증 여부에 대한 논란이 있을 수는 있으나 적어도 '자연치유'의 효능만큼은 적지 않은 사례로서 증명되었다고 볼 수 있을 것이다. 이와 비슷하게 고대로부터 사람들은 자연계에 존재하는 광물이 인체에 특정한 영향을 미친다고 믿어왔다. 재미있는 예를 보면, 고대 서양에서는 자수정을 몸에 지니고 있으면 아무리 술을 마셔도 취하지 않고 전염병으로부터 몸을 보호할 수 있다고 믿었다고 한다. 다른 예로 3월의 탄생석으로도 유명한 아쿠아마린(aquamarine)을 담근 물에 눈을 씻으면 눈병이 낫고 숨찬 증상이나 딸꾹질도 멎게 하는 효험을 경험한 사례도 전해지고 있다. 이와 같은 오랜 세월 이어온 믿음은 현대 과학 기술을 통해 일부는 실제 효과가 입증되기도 하고, 일부는 아직까지 입증되지 못하였으며,

잘못된 속설은 사라지면서 하나의 학문 체계로 자리 잡혀 가고 있다.

본 저서에서는 지구상에 존재하는 수많은 광물 중 인체에 이로운 특정한 종류를 선택하여 이를 심도 깊게 다루고자 하였다. 바로 '토르마늄'이다. 토르마늄은 유럽에서 '신비의 광석'으로 불리던 토르말린과 노벨 의학상을 수상한 알렉시스 카렐 박사가 기적적인 효능을 세계에 알린 게르마늄, 맥반석 및 화산암 등으로 제조한 특성이 우수한 복합바이오세라믹 소재이다. 이어지는 내용에서 자세하게 다루겠지만 토르마늄은 단순히 믿음에 기대어 효과를 내는 것이 아니라 과학적 검증을 통해 실제로 인체 생리에 긍정적인 영향을 미칠 수 있음이 입증된 복합바이오세라믹 소재이다. 이에 대해 독자가 객관적인 판단을 내릴 수 있도록 여러 과학적 정보를 구체적으로 기술하였다. 이 책을 통해 독자들은 토르마늄이 어떤 식으로 건강 지킴이가 될 수 있는지 알게 되는 기회가 될 수 있으리라 믿는다.

우리는 누구나 건강한 삶을 바란다. 그러나 건강에도 노력이 필요하다. 건강해지려면 건강에 대한 이해가 선행되고 그에 따른 실천이 있어야 한다. 대체 의학이라는 미명 하에 그럴 듯하게 포장한 잘못된 정보에 현혹되지 않으려면 우리 스스로 관련 지식을 늘려야 한다. 본서는 건강에 대한 과학적 지식을 주고자 1장 인체에 이로운 광물의 세계, 2장 토르마늄 제조 공법, 3장 토르마늄의 특성, 4장 토르마늄의 효능 및 사용후기, 5장 토르마늄 관련 특허 및 참고문헌으로 구성하였다.

목 차 CONTENTS

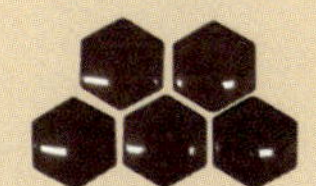

인체에 이로운 **광물의 세계**

우리나라에서 건강을 위한 웰빙 산업에 대한 수요가 증가함에 따라서 최근 바이오세라믹 제품에 대한 관심이 집중되고있다.

바이오세라믹의 주요 광물인 토르말린을 비롯한 페그마타이트, 일라이트, 자수정, 게르마늄, 맥반석, 고령토, 옥, 황토 등은 인간의 생체기능을 활성화하는 바이오세라믹으로서 많이 사용되고 있으며, 특히 토르말린은 인체의 세포 조직의 활성화를 가져오는 효과, 원적외선 방사효과, 자체 함유 원소에 의한 피부미용 및 항균효과를 가진 세라믹의 주원료로서 사용되고 있다.

따라서 일반적으로 사용되는 세라믹 원료인 광물질에 대한 각각의 구성물이 지닌 역사 및 특성 등을 알아볼 필요가 있다.

1 토르말린

토르말린(Tormalin)은 신할리스어로 '혼합한 보석'이란 의미로 거의 모든 색도를 지닌다(그림 1). 토르말린은 1500년대 중반 포르투갈 탐험대가 브라질에서 처음으로 발견한 초록색을 시작으로 1703년 셀론섬에서는 투명한 색의 토르말린이 발견되기도 하였다. 이러한 다양한 색도의 토르말린이 유럽에 소개되면서 다양한 색을 띤 아름다운 보석으로 유명세를 타기 시작하였다.

또한 티파니 사의 보석감정사들이 1800년대 후반 미국 시장에 소개하여 알려지게 되었다. 브라질에서는 20세기 초 토르말린 광산이 발견되어 단순 보석이 아닌 실용성 있는 광물로 사용하기 시작하였다. 이 때

그림 1 토르말린

채굴된 토르말린은 대부분 중국으로 수출되었으나 1900년대 초 중국의 공산화로 인해 토르말린 수출이 금지되었다. 그러나 중국이 산업을 개방한 이후 다시 양질의 토르말린이 유통되고 있다. 토르말린의 주요 특성은 전기를 지닌 '전기석'이라 표현될 수 있다. 현 지구상에 존재하는 물질 중, 자체적으로 에너지를 지니고 있는 것으로는 크게 방사선을 방출하는 우라늄, 자력을 영구적으로 가지는 자철광, 그리고 전기적 성질을 띠는 토르말린 광석이 해당된다. 이때, 우라늄 광석은 방출 되는 방사선의 농도가 인체에 매우 치명적인 단점을 지녀 그대로 사용할 수 없는 반면 자철광과 토르말린 광석은 자연상태에서 스스로 전자를 방출하는 성질을 가지는 광물질로, 영구적으로 미세전류를 방출시킨다 (그림 2).

전기적 성질을 띠는 토르말린 광석은 유전체이다. 따라서 이는 전장 안에 둘 경우 전기 분극이 유도되어, 표면에 전하가 나타나게 되어 흔히

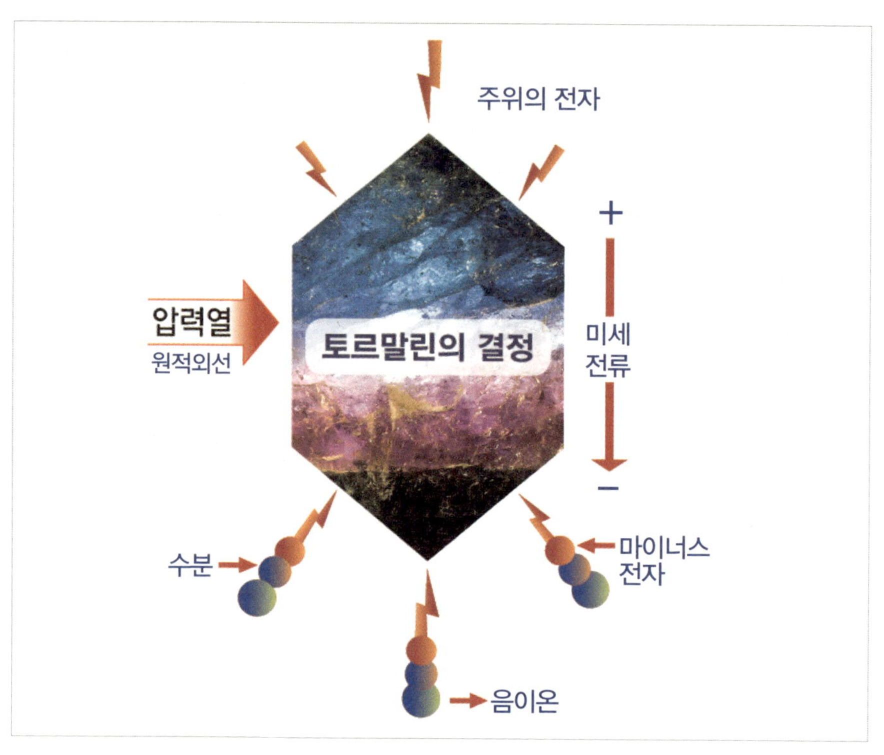

그림 2 토르말린의 전류 생성 과정

'정전기가 발생하는 물질'이라고도 인식된다. 바로 이 광석이 토르말린이다. 이러한 유전체 중 전장 내에 두지 않고서도 처음부터 스스로 전기분극을 하는 물질을 '극성결정체' 라고 하는데, 사실 토르말린 광석은 이 '극성결정체'에 해당한다. 이로 인하여 토르말린 광석은 자연적으로 플러스전극과 마이너스전극을 영구적으로 발생시키는 특징을 지닌다. 이것은 1880년 프랑스 큐리형제에 의해서 이화학적으로 증명되었다. 이렇게 생성된 플러스극과 마이너스극은 항상 불안정한 균형을 지니는데, 이 불균형을 '전위'라고 부른다. 이러한 전위로 인하여 마이너스극에서는 항상 플러스극을 향한 전자가 흐르게 되고, 이렇게 생성된 전자의 흐름을 흔히 '전류'라 일컫는다. 토르말린 광석은 이러한 원리를 바탕으로 직류 전류를 끊임없이 계속 발생시키는 것이다.

그렇다면 과연 토르말린 광석은 어떻게 지속적인 전위를 바탕으로 영구적인 전류를 발생시킬 수 있는 것일까?

이온이 토르말린 광석에서 생성되는 플러스전극에서부터 천천히 마이너스 전극으로 운반되게 되는데, 이 결과 자연적으로 마이너스 전극 측에서 이온이 한 개 빠져나와 플러스 전극으로 날아가 전기의 흐름을 생성하게 된다.

이렇듯 플러스와 마이너스 전극을 가진 토르말린 광석은 직류 전류를 만들어낸다는 측면에서 천연적으로 직류 전류를 만드는 발전기라고 할 수 있다. 추가적으로, 토르말린 광석으로부터 생성되는 전류의 세기는 60마이크로 암페어의 미세전류이며, 이는 생체전류와 비슷한 크기

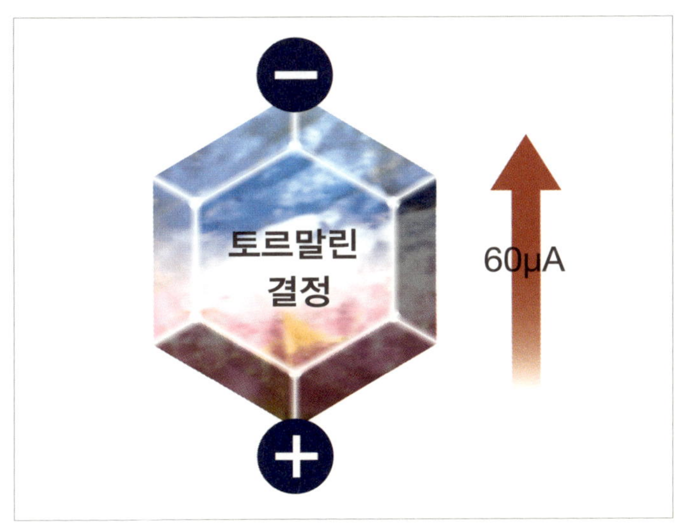

그림 3 토르말린의 미세전류

로, 인체에 가장 적합한 세기의 전류이다(그림 3). 전기적 특성을 갖는 광석은 식물, 동물, 공기 등에 포함되는 수분에 대하여 전기분해를 일으키는 에너지를 갖는 것이다. 이 전기분해 과정에서 이온이 발생한다. 토르말린 광석 자체로부터 발생하는 이온은 극미량이지만 광석을 미분쇄해서 여러가지 외적작용(온도, 습도, 마찰, 압력)을 가함으로써 이온의 발생량을 증가시킬 수 있다. 이러한 특성을 지닌 토르말린은 다음과 같은 기능을 지닌다.

(1) 물의 전기분해 및 활성화

토르말린에서 끊임없이 생성되는 전극의 플러스극은 이온을 흡착하여 마이너스 전극을 방출한다. 이로 인하여 토르말린 광석의 결정이 물과 닿게 되면 순간적으로 물 속에 방전되고 물 분자는 수소 이온(H^+)과 수산이온(OH^-)으로 분리된다(그림 4).

토르말린 광석을 물 속에 넣으면 물이 전기분해를 일으키고, 히드록실이온이라는 계면활성 작용이 있는 물질을 발생시키는 동시에 물이 약알칼리화되어 pH7.5에 매우 가까워진다. 그러나 토르말린 광석의 물에 대한 작용은 이 뿐만 아니라, 물을 활성화시키는 또 다른 중요한 작용도 있다. 물은 본래 단독 분자(H_2O)로 존재하는 것이 아니라 몇 개의 다양한 분자가 혼합된 상태로 존재한다. 그 분자집단을 클러스터(Cluster)라고 하는데, 활성화된 물은 5~6개의 분자로 클러스터를 형성한다. 그러나 물에 염소 혹은 불순물이 포함되어 있을 경우, 물의 클러스터에 들어가서 수십 개의 분자를 결합해서 물 분자의 자유로운 활동이 억제된다. 이러한 클러스터가 큰 물은 맛이 없을 뿐만 아니라 때로는 악취를 풍기기도 한다. 또 세포 내에 침투될 경우 치명적이기 때문에 마

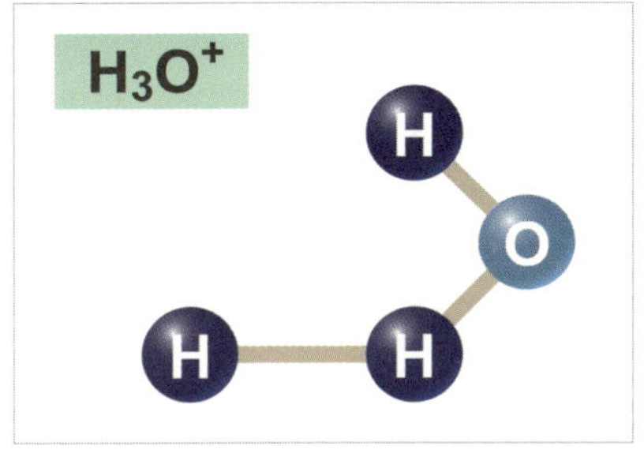

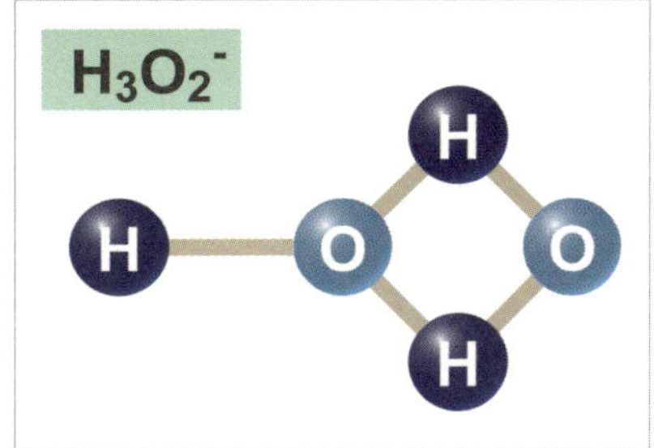

그림 4 토르말린의 전기분해 기능을 통한 물 분자 분리

실 경우 생체를 손상시키기도 한다. 하지만 이때 토르말린 광석을 유입하면 전기적 특성으로 물의 클러스터가 분해되어 정상상태로 돌아가게 된다. 이것이 바로 토르말린 광석에 의한 물의 활성화 작용으로 설명된다.

(2) 공기의 전기분해

공기 중에는 항상 수분이 존재하며 토르말린 광석은 그 수분에 대해 위의 물의 경우와 동일하게 약한 전기분해를 발생시킨다. 앞서 언급된 바와 같이 토르말린 광석의 플러스 전극은 우주로부터 유입되는 마이너스 전자를 흡착하여 지속적인 마이너스 전극에 축적된 전자가 공기 중 수분과 접촉하면 전자를 방전한다. 또한, 물 분자는 마찬가지로 수소이온(H^+)과 수산이온(OH^-)으로 분리되고, 양이온(H^+)은 마이너스 전극으로, 음이온(OH^-)은 플러스 전극으로 각각 끌려온다.

(3) 이온 생성

이에 비해 토르말린 광석에서 앞서 언급된 바와 같이 순간적인 방전 반복으로 히드록실이온이 연속적으로 발생하게 된다. 물에 접할 때의 방전은 1볼트 이하이고, 그 발생작용은 극히 안정적이다. 따라서 기존의 방식처럼 오존과 활성산소를 생성하지 않고, 순수하게 음이온만 발생시키는 것이 가능하다. 그만큼 토르말린 광석을 활용한다면 보다 높은 효과를 기대할 수 있다.

(4) 흡착 및 반발 작용

토르말린 광석은 흡착작용 및 반발작용에 탁월한 것으로 알려져 있다. 흡착작용이라 함은, 전극에 대전함으로써 생성되는 것이며, 반발작용은 대전한 전자가 순간적으로 방전되면서 발생되는 것이다. 이러한 흡착 반발 작용이 탈취효과나 항균효과를 가져오며, 토르말린 광석의 특성을 활용 및 응용하는데 있어 매우 중요하다.

2 게르마늄

게르마늄(Germanium)은 원소번호 32의 탄소족 원소의 하나로 규소보다도 적은 밴드갭(0.7V)을 갖는 반도체로 결정구조는 금강석구조이다. 러시아 과학자 멘델 레예프에 의해 그 존재가 일찍부터 예견되었다. 그는 주기율표의 32번째를 비워 놓고 장차 발견될 원소로서 '에카규소(Eka silicon, Es)'라고 이름을 명명하였다. 그 기점으로부터 약 20년 후 1886년경 독일인 과학자 클레멘스 빙클러가 프라이베르크 근처의 광산에서 산출한 은광석(유화물광석)의 분석결과 미지의 원소를 발견하면서 '독일에서 발견된 원소'라는 의미로 게르마늄 (germanium)이라 불러

그림 5 게르마늄 광석

지게 되었다(그림 5). 이후 1948년 미국의 벨 연구소의 브란다인 바딩과 쇼크레가 게르마늄이 지닌 반도체 성질을 활용하여 증폭용 트랜지스터, 그리고 정류용의 다이오드를 발명하는데 성공하였다. 이 발명을 기점으로 게르마늄이 지닌 반도체의 성질을 연구하는 것이 세계적으로 대세가 되었다. 이러한 게르마늄은 직접적으로 채굴되어 생산되어지기보다는 다른 금속들의 개발 공정과정 중에 부산물로서 얻어진다. 이는 회백색 빛깔을 지니며 금속과 같은 형태를 지니나, 금속의 특성을 전혀 지니고 있지 않다. 이에 따라 몇몇 학자로부터 비금속이라 명명되고, 일반적으로는 반도체물질로 통용되어 반도체를 만드는데 있어 매우 핵심적인 물질로 알려져 있다.

게르마늄은 32개의 전자를 가지고 있어 다른 물질과 접촉될 시 가장 바깥쪽에 존재하는 4개의 전자 중 하나가 튀어나가고 그 자리에 포지티브 홀이 생성되어 +로 하전된 일종의 함정이 생겨 외부로부터 그 골을 메우기 위해 다른 전자를 끌어 당기는 현상이 발생한다.

이와 같이 게르마늄의 반도체적 성질은 생리적으로도 매우 유익하다. 우리 인체는 미세한 전류가 몸 안을 흐르고 있어 "전기의 극초미립자의 응집체"라고 할 수 있다. 때문에 인체를 구성하는 각 기관은 고유의 응집체로서 작용하고 각 부분은 특정 전위를 지닌다. 이로 인해 어떠한 이유로 과다축적이 될 경우, 전위가 뒤틀려 통증이 유발된다. 이때, 게르마늄 입자를 통증 부위에 부착하게 되면 전자의 침투압 활동이 가동되어 이온화되고 혈관 내에 존재하는 전자를 이동시킨다. 이는 결론적으로 혈액 정상화 및 혈액 정화작용으로 과잉 전자의 흐름을 방전시켜 통증을 저하시킨다. 즉, 뒤틀린 전위를 바로 잡는데 게르마늄, 즉 게르마늄이 침투되면, 방전을 시키기 때문에 통증이 사라지게 되는 현상을 볼 수 있는 것이다. 이때, 혈액을 비롯한 각 세포는 반도체의 성질을 지니고 있으며 반도체끼리는 그 전자물성으로 보아 공존할 수 없기 때문에 여분의 게르마늄이 체내에 축적될 우려가 전혀 없고 장기간 투여해도 여분의 게르마늄은 자체적으로 소변을 통해 배출되어 부작용 또한 없다. 이와 같이 반도체의 특성을 지니는 게르마늄은 혈액정화작용 외에도 다음과 같은 기능을 지닌다

(1) 세포내 산소공급 촉진효과

'먹는 산소' 라고도 불리우는 게르마늄은 인체 내 각 기관에 산소를 충분히 공급하여 세포의 기능을 활성화함으로써 건강을 유지하게 한다. 또한 SOD(Superoxide dismutase)효소의 분비를 촉진하여 신진대사 중 발생하는 유해산소와 수소이온을 제거, 세포의 노화를 방지할 뿐만 아니라 세포기능을 강화시키는 데 매우 효과적이다.

(2) 면역력과 자연 치유력 복원

인체는 본래의 상태로 되돌아가려는 항상성의 특징을 지니며 이에

따라 자기 방어 기능으로써 면역력과 자연치유력을 지니고 있다. 그러나 스트레스 및 노화와 같은 환경 등 내·외부적인 요인에 의해 면역력이 약화되면 자연치유력 또한 약화된다. 이때, 반도체 성질을 지니는 게르마늄은 인체의 면역세포를 활성화시킴으로써 면역반응이 지나치게 높은 것은 완화시키고 반대로 저하된 것은 향진 시켜주는 면역조절작용을 하여 인체면역체계의 균형을 유지시켜주며 자연치유력도 회복시켜준다.

(3) 암세포 발생과 전이 억제 효과(인터페론 유도)

게르마늄은 인체의 정상세포는 전혀 손상시키지 않고 암세포만을 선별적으로 제거하는 '인터페론'의 분비를 촉진시키고 대식세포, NK세포, B세포, T세포 등의 면역세포를 활성화시키며 산소가 비교적 적은 암세포에까지 산소를 충분히 공급하여 암세포의 발생과 전이를 억제해준다. 이로 인해 게르마늄은 암세포의 전이율을 낮춤으로써 암세포의 전이를 억제 시킨다.

(4) 노화지연-치매억제

노화는 신체의 각 기능이 지닌 고유의 기능이 저하되면서 시작된다. 특히, 치매의 경우 뇌 손상이나 유해한 산소의 투입으로 인하여 뇌세포 괴사와 노화물질이 대뇌에 과다 축적 될 경우 발생되는 것으로 알려져 있다. 더불어 노화 물질 중 하나인 리포푸친이 피부에 침착되면 검버섯 또는 기미가 생성된다. 이때, 게르마늄은 인체내에서 유해산소를 분해하는 효소인 SOD분비를 활성화시켜 유해산소에 의한 세포막의 손상 및 파괴를 방지하여 치매를 예방하고 노화를 지연시킨다.

(5) 진통, 항염 효과 및 생리 균형 유지

게르마늄은 생체내에서 진통작용을 하는 엔케팔린(enkephalin)이 지속적으로 생성되도록 분해를 효과적으로 막아 진통효과를 유지하게 하는 기능을 지닌다. 이로 인해 각종 질병으로 인한 통증 혹은 생리통, 요통, 두통, 통풍 등을 완화시켜준다.

3 맥반석

맥반석은 흔히 주변에서 자주 접할 수 있는 맥반암이라고도 불리는 암석으로 약 3000년 전 중국에서 처음 발견된 암석으로, 화성암 중 반심성암에 속하는 석영반암의 일종으로 특수한 풍력작용을 받은 것이 특징이다.

이후 현재까지 동양 의학에서 매우 중요한 재료로 사용되어 왔다. 이 암석의 특징은 백색, 갈색, 회색, 녹색 등과 같이 다양한 색상이 섞여있고 그 모습이 마치 보리밥으로 만든 주먹밥과 같다고 하여 “맥반석”이라 명명되게 되었다(그림 6). 이러한 맥반석을 이루고 있는 주성분은 무수규산(SiO_2)과 산화알루미늄(Al_2O_3)이고, 산화마그네슘(MgO_2), 산화제2철 (Fe_2O_3)이 소량 함유되어 있다. 약석(藥石)으로 알려진 것은 누런 백색을 띤 맥반석으로 예전에는 환약을 정제하는 여과제, 등에 나는 부스럼 또는 종기 등 피부질병용 소염제(消炎劑)로 사용되었다. 뿐만 아니라 《동의보감》에 의하면 그 성질은 달고, 따뜻하며, 독이 없다고 한다. 이러한 맥반석은 1㎤당 3~15만 개의 구멍으로 이루어져 있어 흡착성이

그림 6 맥반석

매우 강하고, 약 2만 5000종의 다양한 무기염류를 함유하고 있다. 이러한 맥반석은 중금속과 이온을 교환하는 작용을 함으로써 유해금속 제거제로도 사용하며, 이 암석에 열을 가하면 원적외선을 방출하는 것으로 알려져 있다. 이러한 성질을 바탕으로 나타나는 맥반석의 대표적인 기능은 다음과 같다.

(1) 흡착 작용 – 유해 물질 제거 및 중금속 분해 작용

구멍이 많은 다공질(多孔質) 암석이기 때문에 모세관 현상에 기인하여 물속의 오염물질, 세균 등을 흡착 및 분해하는 기능을 지닐 뿐만 아니라 악취 제거 및 부패 방지의 역할을 한다. 또한, 중금속을 흡착·제거하며 시멘트 독성을 중화시키고 항균, 방충, 탈취 작용을 한다.

(2) 미네랄 용출작용

미네랄은 인체에 불가결한 5대 영양소의 하나이다. 맥반석은 음료에 투입하면 칼슘, 칼륨, 나트륨, 철 등 40종 이상의 미네랄이 용출되기 때문에 물이 맛이 있고 체내에 미네랄 공급도 용이하다.

(3) pH 조절작용 – 수질조절 및 정수작용

강한 산성이나 강한 알칼리성 물이라도 맥반석을 투입하면 약알칼리성(pH7.2~7.4)으로 변하여 인체에 적합한 수질로 변한다. 이 뿐만 아니라 정수 기능도 가능하여 맥반석 정수기가 한창 유명세를 탔던 적도 있다.

(4) 이온교환 작용 및 인체에 대한 약리 작용

흡착 및 이온교환 작용을 하여 물 속에 있는 불순물을 제거하고 유용한 미네랄을 많이 만들어 물을 약수로 변하게 한다. 이로 인해 성장·발육, 두뇌 활동, 생식기능, 호르몬의 생산 및 활성, 세포 활성화와 대사 촉진 작용 등이 증가된다고 한다. 이 때문에 식물 성장 촉진제로 사용되기도 한다.

(5) 풍부한 산소 함유량

맥반석을 물에 담그면 COD(화학적 산소요구량), BOD(생물학적 산소요구량)가 낮아져 대장균, 살모넬라균 등의 세균을 억제하여 방부 작용은 물론 용존 산소량을 증가시키고 활성화 시킴에 따라 생체에 활력을 준다. 양어장, 어항 등에 사용한다.

(6) 원적외선 방사 작용

그림 7과 같이 태양빛은 크게 눈에 보이는 가시광선과, 눈에 보이지

않는 자외선과 적외선으로 나뉘는데 적외선은 파장에 따라 적외선, 중간 적외선, 원적외선으로 나뉜다. 그 중 원적외선은 태양의 에너지를 광폭시키는 기능을 지닌다. 원적외선이 물체에 조사되면 일부는 물체 표면에서 반사되고 나머지가 물체의 내부로 들어가게 된다. 내부로 들어간 적외선은 표면으로부터 내부로 진행됨에 따라 서서히 물질에 흡수되어 약해져 간다. 물체가 얇을 경우나 원적외선을 흡수하는 정도가 적을 경우에는 흡수되지 않는 전자파는 반대쪽으로 반사된다. 일반적으로 물질의 분자는 기존상태에 있을 때 갖는 내부에너지는 전자의 배치상태에 관계되는 에너지회로, 분자의 회전에너지나 각 원자 간의 진동에너지로부터 성립되고 있으나 분자의 구조에 따라서 원적외선에 대하여 활성인 것과 불활성인 것이 있으며 활성인 것이라도 그 분자구조에 따라서 그의 흡수하는 파장이 심하게 달라진다. 조사되는 원적외선의 진동수가 어떤 물질의 분자의 진동수와 일치하면 그 분자가 원적외선 에너지를 흡수하여 더욱 운동이 격렬해지는 공명흡수현상으로 원자 간

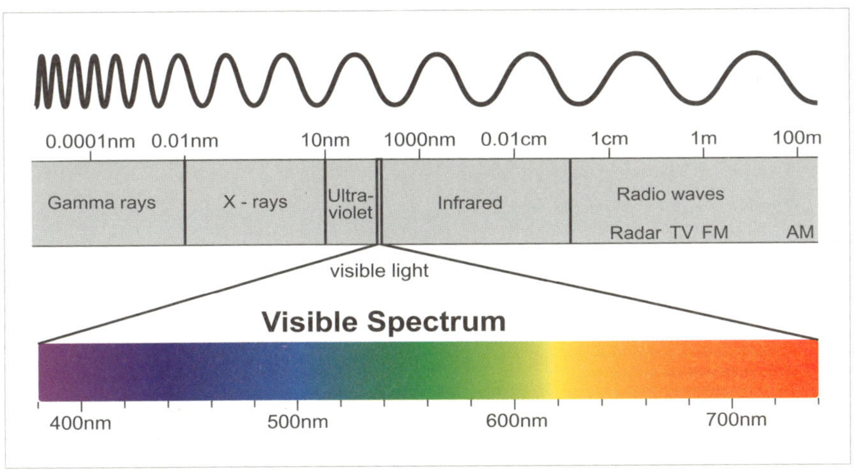

그림 7 전자기파의 종류

의 운동이 활발하게 되어 이 운동 에너지는 대부분 열로 변하고, 일부는 활성화 에너지로 변하여 분자를 활성화 시킨다.

사실 가장 많이 홍보하고 있는 맥반석의 특성을 보면, 원적외선 방사에 의한 공명, 공진, 흡수 작용 등으로 식품의 선도유지, 맛의 증가, 혈액순환 및 신진대사 촉진 등에 탁월한 효과가 있다. 알파파를 증가시키고 원적외선을 발생시키는 것을 TV 브라운관의 코팅, 의류 코팅, 휴대폰 코팅 등에 응용한다. 원적외선 방사체로 찜질방 외벽이나 맥반석돌침대 등에 사용되기도 한다. 가끔씩 목욕탕 내부에도 건강에 좋다 하여 장식해 놓는 경우도 있다.

4 화산암

화산암은 앞서 언급된 토르말린과 게르마늄에 비해 그 기원이 모호하다. 이는 마그마가 냉각 및 응고되어 이루어진 암석을 통틀어 말하는 화강암의 일종으로, 마그마가 지표 또는 지표 부근에서 급격하게 식어 굳어진 암석을 의미한다(그림 8). 화산암은 마그마가 급격하게 냉각되기 때문에 암석을 이루는 광물 결정이 작거나 결정이 생기지 않는 특징을 지닌다.

또한 Na, Mg, Al, Si, Ca, Ti, Mn, Fe, Ni, Co와 Mo 등 수십 가지 광물이 포함되어 있어 신형 기능형 환경보호 재료이자 매우 귀중한 다공형 석재로 인식되고 있다 (그림 9).

이러한 화산암의 특징은 크게 3가지로 나뉜다. 첫째는 마그마 속에

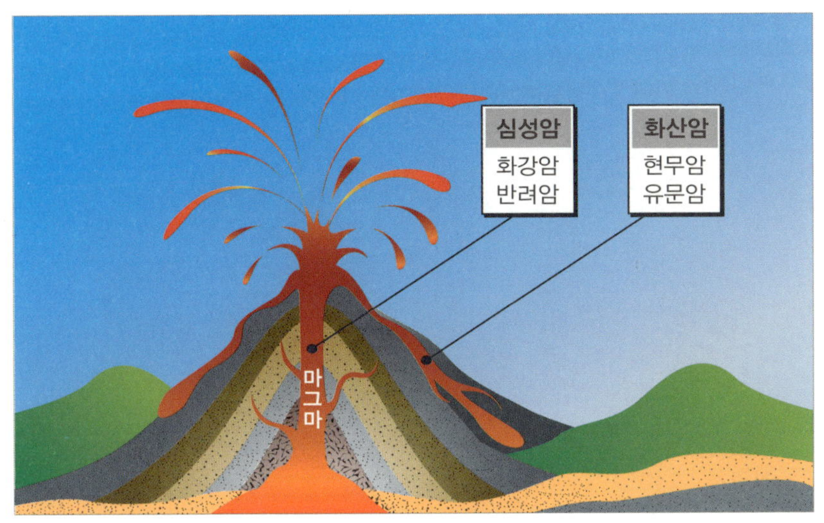

그림 8 화산암 생성 위치

들어있던 휘발성분이나 잔류용액이 기공 속에서 결정화 된 행인상(Amygdaloidal)이 해당된다. 두 번째로는, 마그마가 급격히 냉각 될 때 가스가 팽창하므로 암석 속에 기공을 많이 만들게 되는 다공질(Vesicular)의 특성이 해당되고, 마지막으로는 점성이 높은 마그마가 급랭할 때 공이나 타원체 모양을 이루는 구조를 의미하는 구결정(Spherulite)을 포함한다. 이렇듯 표면이 균일하고 공기구멍이 가득 분포된 화산암은 방풍화, 내고온성, 흡음력이 좋을 뿐만 아니라 전도계수가 작아 방사성이 없는 특성을 지녀 고급 건물의 내 외벽 장식 등에 주로 사용된다. 이 외에도 화산암은 석회질 점토, 부싯돌, 횟돌 등과 같은 산업적인 용도로 사용될 뿐만 아니라 그 자체로도 아름다운 형태를 지녀 관상용으로도 종종 사용된다. 더불어 인체와 관련된 효과로는 각질제거에도 자주 사용되며 생리통 완화에 효과적인 것으로 알려져 있다.

그림 9 화산암

옥

옥은 아름다운 보석이자 건강 광물질로서 인체에 꼭 필요한 약 45종의 미네랄과 칼슘, 마그네슘 등으로 구성된 광물질이다(그림 10). 그 중 40%이상을 차지하고 있는 마그네슘은 식물의 엽록소의 주요 구성물질로 우리 인체를 구성하고있는 세포 역시 마그네슘이 들어있어 옥에서 발산하는 기파동과 인체세포에 발생하는 기파동이 서로 연공하여 체내 깊이 침투하여 세포조직을 지속적으로 자극을 준다. 따라서 상호 공명 공진 작용을 함으로써 세포 조직의 활성화, 혈액순환, 혈액의 약알칼리화, 체내의 유해 노폐물 배설 등의 효과가 있다.

예로부터 옥을 몸에 지니면 무병장수 하고 액운을 쫓고 행운을 부르는 보석으로 알려져 있으며, 권력, 사랑의 징표, 왕족과 귀족들의 권위의 상징으로 칭하여 황제의 침구, 옥좌, 옥새, 가락지 등 매우 귀하게 사

그림 10 옥

용되어 왔다. 또한 동의보감, 본초강목, 향약집성방, 양명술 등 유명한 의학 서적에서도 신석, 영석으로 언급하여 질병 예방 약제로도 다뤄왔다.

현재 과학의 발달로 첨단 의약제품과 각종 건강관련 제품, 침구, 의류, 장신구 등의 소재로 사용되고 있다.

Ⅱ 토르마늄 제조공법

1 개요

토르마늄은 토르말린과 게르마늄, 맥반석, 및 화산암이 혼합된 결정체로, 각각의 광물의 특성을 최대한 살린 효능이 우수한 바이오세라믹의 일종이다.

이번 장에서는 토르마늄과 나노다이아몬드 토르마늄의 제조에 대해 자세한 설명을 통해 바이오세라믹이 갖는 제조공정에 있어서의 제반문제점을 해결하는 방법을 제시하는데 의의가 있다.

토르마늄 소재의 제조공정

(1) 분말의 분쇄 및 혼합공정

광물의 분쇄는 분쇄기를 이용하여 대기중에서 1단계 조분쇄와 2단계 미분쇄 공정을 거쳐 진행된다.

토르말린, 게르마늄, 맥반석 및 화산암 등을 각각 600메쉬(mesh)로 조분쇄한다. 이때 각 광물을 600메쉬로 분쇄하는 이유는 광물의 입자가 600메쉬 미만이 되면 입도가 너무 커 이후의 미분쇄 작업이 어렵게 되고 600메쉬를 크게 초과하는 것은 이 후 미분쇄 작업은 유리하지만 분쇄공정의 작업시간이 길어지게 되어 생산성이 저하된다. 토르말린, 게르마늄, 맥반석 및 화산암 등의 조분쇄가 완료되면 볼밀에 모두 투입하고 물을 첨가한 후 미분쇄한다.

화산암 및 토르말린이 과량 첨가될 시에는 소성온도가 저하되면서 제품의 표면에 기포가 발생되어 표면이 미려한 제품을 생산할 수 없다. 그리고 볼밀에 투입되는 물의 양은, 분쇄된 토르말린, 게르마늄, 맥반석 및 화산암 전체와 10 : 7 중량비로 투입되는 것이 바람직하다.

그 다음 미분쇄 과정이다. 미분쇄된 분쇄물의 입도는 1000~3000메쉬로 진행한다. 그 이유는 입도가 1000메쉬 미만이 되면 성형 후 제품의 표면이 거칠어 미려하지 않게 되고 3000메쉬를 초과하게 되어 미세해지면 생산성이 떨어지기 때문이다. 입도가 3000메쉬를 초과하는 것은 제품의 품질에 영향을 미치지 않으나 1000메쉬 미만이 될 경우 제품의 품질이 저하되므로, 반드시 1000메쉬 이상으로 미분쇄한다.

(2) 분말의 성형과 소성공정

미분쇄가 완료되면 분쇄물을 스프레이 드라이어기를 이용하여 과립 형상이 되도록 공기를 주입시킨다. 과립으로 만드는 이유는 가압 성형 공정시 분말의 유동성을 향상시키기 위함이다. 그림 11은 과립된 미분쇄 토르마늄 분말을 나타낸 것이다.

그림 11 과립된 미분쇄 토르마늄 분말

그림 12에서와 같이 분말 과립형상의 분말을 프레스 장치 내의 금형에 투입하여 가압성형을 한다. 분말가압 성형에대한 모식도를 그림13에

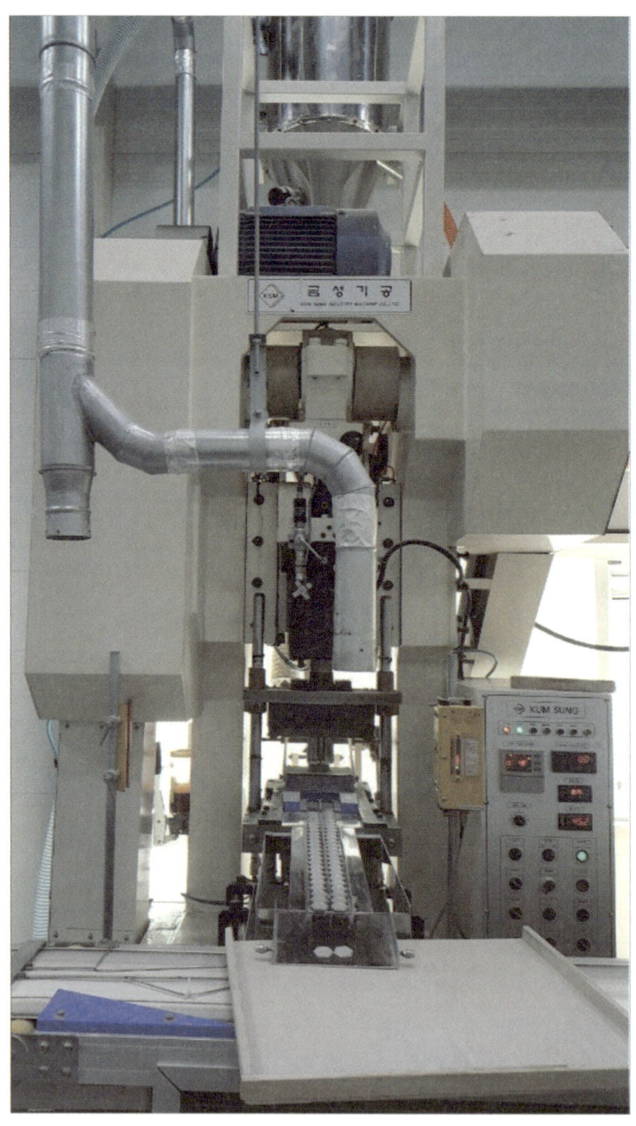

그림 12 분말 가압성형장치

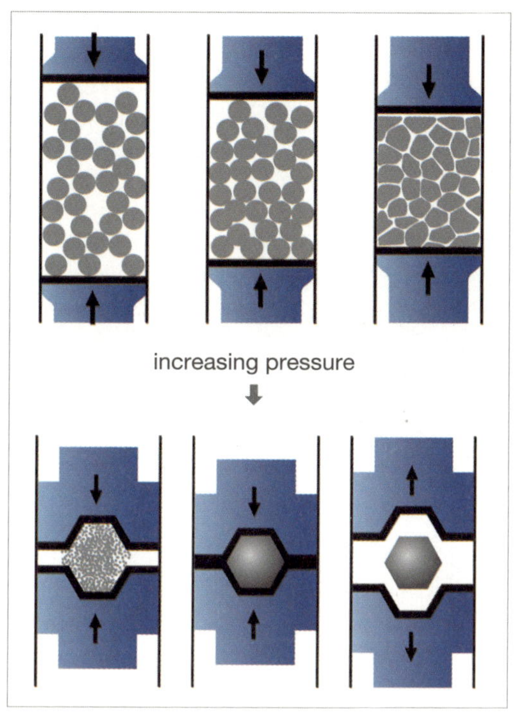

그림 13 분말 가압성형의 모식도

나타내었으며, 만들고자 하는 형상의 금형에 분말을 충진한 후 제품의 종류에 따라 그에 상응하는 압력을 유압, 공압 프레스 등을 이용하여 성형하는 것이다.

가압성형이 완료되면, 가압성형된 성형체를 그림 14의 소성로로 900~1200℃에서 4시간 동안 가열소성하는 데, 소성온도가 900℃ 미만이 되면 소성시간이 짧아져 표면이 거칠고 강도가 떨어지며 1200℃를 초과하게 되면 토르말린 및 화산암의 전기적 특성이 급격히 저하되거나 물성이 변화되는 등의 문제점이 발생되며, 소성시간이 4시간 미만이 되면 소성이 충분하지 못하고 4시간이 초과되면 생산성이 저하되므로 가압성형된 성형체를 900~1200℃에서 4시간 범위내에서 가열소성한다.

그림 14 토르마늄의 소성로 및 소성과정

가열소성이 완료되면, 이를 자연냉각한다. 자연냉각이 완료되면 소성체의 표면을 연마하는데, 먼저 진동연마기나 원심연마기 등에 연마석을 투입하여 소성체의 표면을 연마한다. 이때 연마시간은 평균 48시간 정도로 설정한다.

표면연마가 1차 완료되면, 연마된 토르마늄 성형체를 광택 연마기에 투입하고 광택석 및 광택용 콤파운드를 투입하여 광택연마한다. 2단계에 걸쳐 표면을 광택연마하는 것은 의료용구로 사용할 시 외관을 미려하게 하기 위한 것이다.

그림 15는 토르마늄의 소성 및 광택연마 후 표면형상을 나타내는 것이다. 이와 같이 제조가 완료되면 이를 적당한 크기와 중량으로 견고히 포장하여 출하하고, 이를 온열조합자극기, 전기매트, 허리벨트, 방석, 베개, 팔찌, 목걸이 등의 의료기기에 사용하도록 한다.

추가적으로 바이오세라믹의 항균성을 극대화시키기 위하여, 은 나노입자를 첨가하는 것도 가능하다. 즉 사용되는 토르말린, 게르마늄, 맥반

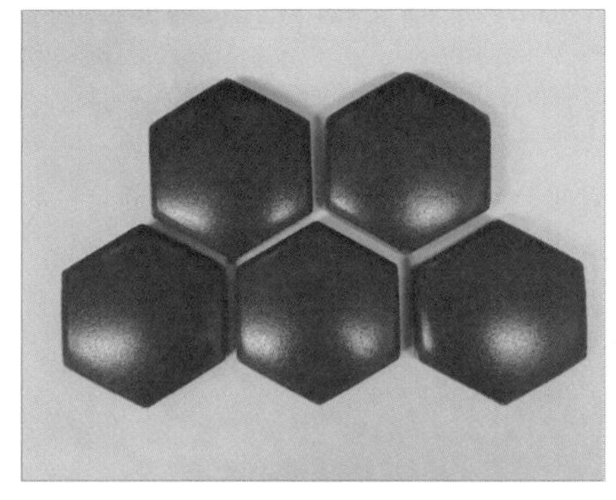

(a) 소성 후 표면형상

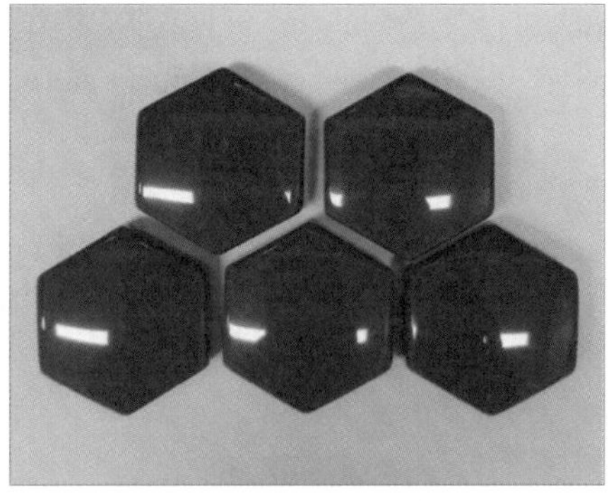

(b) 광택연마 후 표면형상

그림 15 토르마늄의 소성 및 광택연마 후 표면형상

석 및 화산암 등의 항균성을 극대화시키기 위하여 미분쇄한 후 과립형상으로 건조하기 전, 분말을 은 나노 입자로 코팅시킨 후 건조하는 것이다.

은 나노 입자의 코팅방법은 다음과 같다. 먼저 계면활성제와 질산은을 혼합하여 혼합용액을 제조한다. 이때 계면활성제로는 양이온, 음이온, 비이온 계면활성제가 모두 사용 가능하다. 그리고 혼합용액에 환원제로서 붕소산나트륨이 용해되어 있는 수용액을 첨가하여 주면 녹아있는 은이온이 환원되는 과정에서 혼합 용액의 색은 무색에서 점점 갈색으로 변하면서 은 미립자가 생성된다. 이때 계면활성제는 은 미립자의 성장을 방해함으로써 수용액상에 은 나노입자가 분산된 콜로이드가 얻어지는 것이다. 그리고 은 미립자의 생성 후 반응하지 않은 물질 및 불순물을 제거하기 위하여 5000rpm 내지 8,000rpm의 속도로 원심분리를 하면 생성된 은 나노미립자 및 용액으로 분리되는데, 3회에 걸쳐 세척공정을 반복하여 주면 최종적으로는 계면활성제에 의해 안정화된 실버콜로이드가 제조되는 것이다. 이와 같이 제조된 은 나노미립자가 균일하게 분산된 분말을 얻기 위해서, 준비된 분말에 0.5%의 염산(HCl)이나 불산(HF) 용액을 가하여 산처리를 하고, 이를 안정화된 실버 콜로이드와 혼합하여 교반하면 은 나노 미립자가 코팅된 분말이 얻어진다.

3 나노다이아몬드 토르마늄의 제조공정

나노다이아몬드 토르마늄에서 사용하는 나노다이아몬드는 단단한 물질로 현존하는 물질 중 최고의 경도를 보유한 신소재이며, 내열성 및 내마모성, 내약품성을 보유하여 특수 표면처리나 윤활 및 코팅제로 주로 사용되는 소재이다.

나노 다이아몬드는 코팅제, 윤활유, 복합재료, 연마제, 의약, 화장품 등 다양한 산업분야에서 활용이 가능한 소재이며, 나노 다이아몬드는 형광특성, 무독성으로 인체내에서 사용가능한 의약품 원료제조로도 활용이 가능하다고 알려져 있다. 현재 나노다이아몬드 시장은 2013년 약 39억 2000만 달러에서 2018년 약 44억 6900달러로 6.8% 성장할 것으로 예측되고 있으며, 현재 연평균성장률은 2.66%인 상당히 큰 시장을 차지하고 있다.

나노다이아몬드 토르마늄은 나노다이아몬드의 우수한 특성을 갖는 바이오세라믹이며, 본 제조방법은 불순물 제거 단계와 소성 단계로 분리하여 나누어서 수행하는데, 카본 불순물이나 바인더와 같은 유기물을 제거하며, 공기 대신 N_2/H_2혼합가스로 환원성 분위기를 이용하는 소성단계를 거침으로써 안정성이 높고 일정한 품질이 보장되는 바이오세라믹을 제조할 수 있다. 제조된 나노다이아몬드 바이오세라믹은 내구성이 높고 유해 물질 흡착 및 적외선 방출 효과와 같은 우수한 효과를 가지므로 각종 의료기기 및 의료용구에 유용하게 활용된다.

그림 16에 나타나듯이 나노다이아몬드 토르마늄의 제조과정은 2절에서 명시한 토르마늄의 미분쇄 과정과 배합과정, 가압성형은 동일하나 토르마늄을 미분쇄 후 나노다이아몬드와 토르마늄 분말 혼합공정이 필요하다. 이 혼합공정은 마이크로 크기의 토르마늄과 나노크기의 다이아몬드를 균일하게 혼합하는 기술 및 많은 노하우와 데이터베이스가 필수적이다. 그림 17에서 보듯이 너무 작은 나노 사이즈 분말은 너무

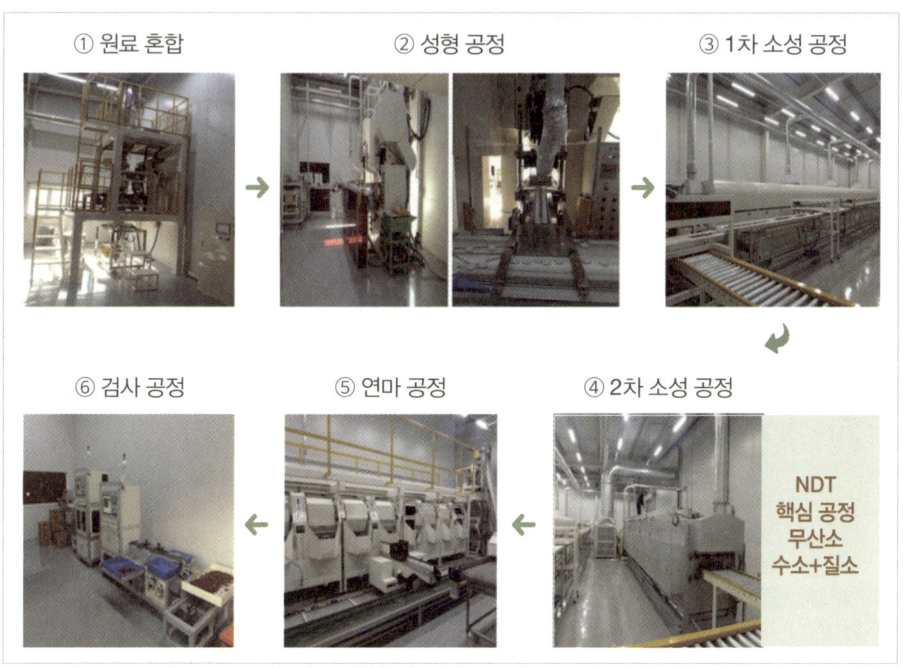

그림 16 나노다이아몬드 토르마늄 제조과정

그림 17 뭉친 나노다이아몬드 전자현미경 이미지

심하게 엉겨 붙어 있어 균일하게 분산하는 것이 매우 어려운 공정이다.

토르마늄과 나노크기의 나노다이아몬드를 혼합하기 위해서는 미분쇄된 토르마늄 분말을 스프레이 드라이어기를 이용하여 공기를 주입하면서 과립으로 만드는데 이는 분말의 유동성을 향상시키고 가압성형 공정시 제품에 크랙 및 균열이 발생하는 것을 방지 하기 위한 것이다. 이때 나노다이아몬드를 주입하여 과립 내부에 고르게 주입되도록 한 후 과립형상의 혼합된 원료를 금형에 충진 한 후 유·공압 프레스를 이용하여 가압성형 한다.

가압성형이 완료되면, 가압성형된 성형체를 개방형 소성로를 이용하여 600~700℃로 공기 중에서 1차 소성하는데, 이는 토르마늄과 나노다이아몬드가 안정적으로 결합하기 위해서 성형체에 남아있는 카본 불순물이나 유기바인더를 제거하기 위함이다.

1차 소성공정 후 성형체의 변형 및 구조의 안정성을 높이기 위해 상온에서 냉각을 실시한다. 냉각된 성형체는 비개방형 소성로를 이용하여 1050~1200℃으로 혼합가스로 환원성 분위기를 이용하여 2차 소성 시키는데 이때 N_2/H_2 혼합가스를 이용하는 것은 나노다이아몬

(a) 소성 후 표면형상

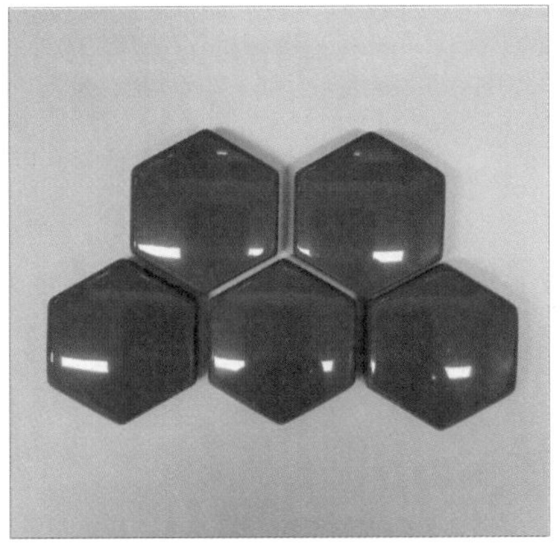

(b) 광택연마 후 표면형상

그림 18 나노다이아몬드 토르마늄의 소성 및 광택연마 후 표면형상

드 토르마늄 제조공정에 핵심공정으로 나노다이아몬드가 공기 중에서 산소의 반응을 억제할 뿐만 아니라 검은색 혹은 어두운 회색을 띤 미려하고 밀도가 높은 나노다이아몬드 토르마늄 바이오세라믹을 제조하기 위함이다.

2차 소성 후 상온에서 냉각이 완료되면 소성체의 광택을 위한 표면연마를 한다. 먼저 진동연마기나 원심연마기 등에 연마석을 투입하여 소성체의 표면을 연마한다. 1차 표면연마가 완료되면, 소성체를 광택연마기에 투입하고 광택석 및 광택용 콤파운드를 투입하여 2차 광택연마를 한다. 이와 같이 2 단계로 표면을 연마하는 것은 의료용구로 사용할 시 외관을 미려하게 하기 위한 것이다.

그림 18은 나노다이아몬드 토르마늄의 소성 및 광택연마 후 표면형상을 나타낸 것이다. 마지막으로 연마가 완료된 바이오세라믹을 표면형상 및 정확한 중량 등을 확인하기 위한 검사 공정을 거친다.

모든 검사 기준에 통과한 제품은 선별 후 견고히 포장하여 전기매트, 온열자극기, 허리벨트, 방석, 베개, 팔찌, 목걸이 등에 사용된다.

토르마늄의 특성

1 개요

누가의료기 사에서는 토르말린, 게르마늄, 맥반석 및 화산암 등으로 구성된 복합 바이오세라믹인 토르마늄을 개발하였고 그 효과를 더욱 증대시키기 위하여 최근 열전달율 및 원적외선 방사율이 우수한 나노다이아몬드를 이용한 나노다이아몬드 토르마늄으로 발전시켰다.

본 장에서는 토르마늄과 나노다이아몬드 토르마늄의 다양한 특성에 대하여 국내·외적으로 신뢰성 있는 대학 및 연구소 등에서 수행한 연구결과를 소개하고자 한다.

2 토르마늄에 관한 해외 연구소 연구

본 절에서는 누가의료기 사에서 개발한 복합 바이오세라믹인 토르마늄(TC)을 이용한 온열 자극기에 대하여 독일의 누가랩(Nuga Lab GmbH)과 유럽최대규모의 연구소인 프라운호퍼 연구소(Fraunhofer

그림 19 Fraunhofer(IKTS-MD) 연구소와 NUGA LAB(GmbH) 연구소 전경

IKTS-MD) 그리고 러시아의 I.I.메치니코프 공립 의과대학(Odessa I. I. Mechnikov National University)에서의 실험결과를 소개하고자 한다(그림 19, 20).

첫째, 누가의료기 사에서 개발한 복합 바이오세라믹인 토르마늄(TC)과 나노다이아몬드 토르마늄(NDT)의 특성을 파악하고자 독일의 누가랩과 프라운호퍼 세라믹연구소에서 진행한 실험연구결과를 설명하고

자 한다. 누가랩의 경우 두 물질의 서로 다른 적외선 방출량을 이용하여 세포 생장에 관한 연구를 수행하였다. 프라운호퍼 세라믹연구소에서는 3종류 물질의 기계적 특성분석과 사용 전후 혈류량 변화를 측정하였다.

둘째, I.I. 메치니코프 공립 의과대학에서는 누가의료기 사에서 개발한 온열 자극기 N5를 이용하여 변형성 등병증 환자의 통증 완화에 관한

그림 20 I.I.메치니코프 공립 의과대학 전경

연구를 수행하였다. 변형성 등병증 환자를 대상으로 3개월간의 기본 물리치료와 온열 자극으로 인한 효과를 추적 관찰한 결과 인체의 주관적인 통증 완화를 확인하였으며 인체에 일어난 긍정적인 생리학적 변화에 대한 객관적인 연구결과를 획득할 수 있었다.

이전까지의 밝혀진 효능에 대한 과학적 근거가 약한 것이 사실이었지만 해외우수연구기관에서의 검증 실험을 통해 토르마늄 효능에 관한 여러 결과를 확인 할 수 있었다.

독일의 누가랩과 프라운호퍼 세라믹 연구소에서는 (1) 토르마늄의 물질 특성 분석, (2) 토르마늄이 세포에 끼치는 영향, (3) 토르마늄과 혈액순환의 관계를 분석하였다.

(1) 토르마늄의 물질 특성 분석

적외선 방출량에 대한 토르마늄, 나노다이아몬드 토르마늄, 옥의 비교

대부분의 온열 제품들의 경우 적외선 방출량이 높은 물질 일수록 효능이 좋다고 알려져 있다. 이에 프라운호퍼 세라믹 연구소에서는 몸에 좋다고 알려진 옥과 토르마늄, 나노다이아몬드 토르마늄의 적외선 방출량을 비교하였다.

같은 온도(60℃)에서 토르마늄과 나노다이아몬드 토르마늄의 경우 옥에 비해 모든 파장에서 적외선 방출량이 높음을 확인 할 수 있었다(그림 21).

토르마늄, 나노다이아몬드 토르마늄 그리고 옥의 열적 특성 변화 확인

마사지 침대에서 사용하기 위하여 3종류 물질의 에너지 특성을 간접

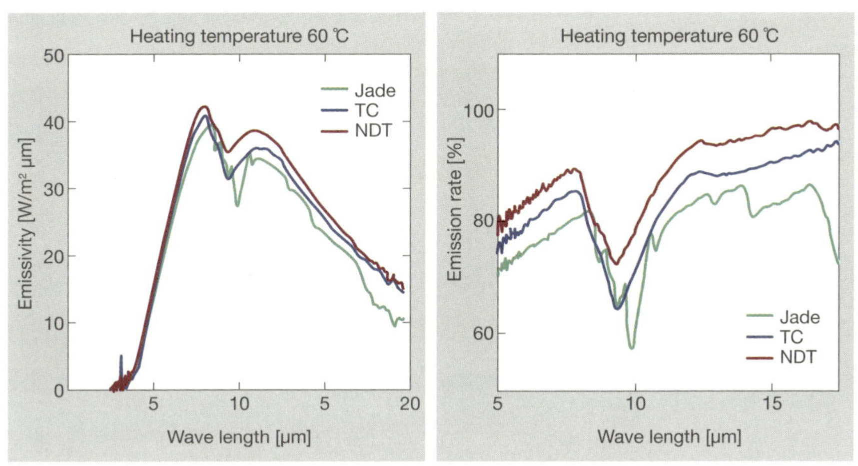

그림 21 Jade, TC, NDT의 적외선 방출량

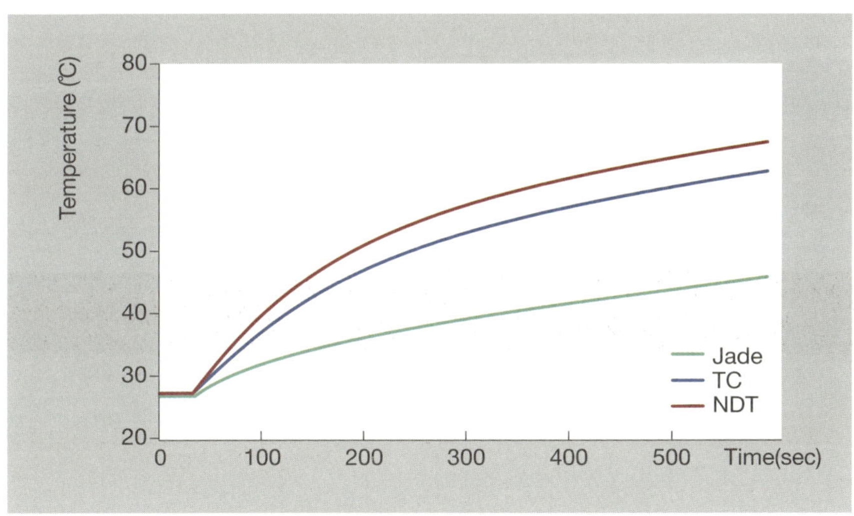

그림 22 같은 열원에 따른 Jade, TC, NDT의 열 곡선

적으로 확인하기 위한 열적 특성 변화 실험을 수행하였다. 실험은 같은 열원(할로겐 램프, 12V, 10W, BA12S)을 이용하였고 적외선 카메라로 10분 동안 측정하여 확인하였다.

나노다이아몬드 토르마늄은 토르마늄과 옥에 비해 높은 열 방출을 나타내었다(그림 22). 열 곡선을 통해 에너지 효율을 확인할 수 있으며, 42도 기준에서 옥 대비 나노다이아몬드 토르마늄은 3.2배의 효율을, 옥 대비 토르마늄은 2.4배의 효율을 보였다. 이에 빠른 온도 증가는 전신 자극기에 응용하는데 있어 에너지 효율뿐만 아니라 사용하는데 있어 적합하다고 할 수 있다.

토르마늄, 나노다이아몬드 토르마늄의 열 확산 계수

토르마늄, 나노다이아몬드 토르마늄, 두 물질의 열 확산 계수를 통해 열적 특성을 정의하고자 하였다. 프라운호퍼의 Nano Flash FA 447 장비를 이용하여 확산 계수를 측정하였고 수식을 통해 검증하였다.

토르마늄과, 나노다이아몬드 토르마늄의 열 확산 계수를 측정한 결과 나노다이아몬드 토르마늄의 열적 특성이 상당히 좋음을 확인할 수 있었다.

표 1 토르마늄과 나노다이아몬드 토르마늄의 열 확산 계수

Sample	Diameter (mm)	Height (mm)	CTD(mm^2/sec.) IKTS	CTD(mm^2/sec.) Nuga Lab
TC	22.3	6.646	1.054	0.606
NDT	22.08	6.983	1.137	0.864

토르마늄, 나노다이아몬드 토르마늄의 미세구조 확인

본 실험에서는 특수 장비를 이용하여 토르마늄, 나노다이아몬드 토르마늄의 미세구조를 통해 기계적 특성을 파악하고자 하였다. 프라운호퍼의 Light Microscopy(LM) 장비를 이용하여 다공성의 정도를 확인하였다. Scanning Electron Microscopy(SEM) 장비를 이용하여 표면

그림 23 LM 장비를 이용한 표면 사진

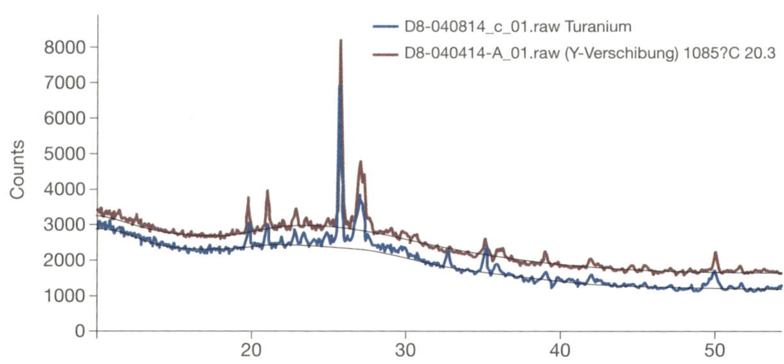

그림 24 XRD 장비를 이용한 물질분석:토르마늄(청색), 나노다이아몬드(빨간색)

의 특성을 분석하였고 X-ray Diffraction method(XRD)를 적용하여 소결 세라믹을 확인하였다.

나노다이아몬드 토르마늄과 토르마늄의 다공성 정도는 그림 23에 나타낸 것 같이 유사하였다. 그림 24의 XRD를 이용한 물질분석에서도 유사한 경향을 보였으나 제조과정에서의 차이로 인하여 구조의 차이점이 나타났다. 특이한 점은 나노다이아몬드 토르마늄에서는 철 원소가 토르마늄에 비해 많이 존재하는 것으로 나타났다.

토르마늄과 나노다이아몬드 토르마늄의 기계적 물성치

프라운호퍼 세라믹 연구소에서는 토르마늄과 나노다이아몬드 토르마늄의 기계적 특성을 파악하기 위해 경도 테스트와 파괴인성 테스트를 수행하였다.

실험 결과 토르마늄과 나노토르마늄의 기계적 물성치는 완벽하게 일치하는 것으로 나타났다.

표 2 토르마늄과 나노다이아몬드 토르마늄의 기계적 물성치

Material	Density (g/cm^3)	Hardness HV1 (GPa)	Fracture toughness (MPa m$^{1/2}$)
TC	2.39	5.7 ± 0.2	1.2 ± 0.1
NDT	2.39	5.7 ± 0.2	1.2 ± 0.1

(2) 토르마늄이 세포에 끼치는 영향

외부 온도에 따른 손상된 단핵백혈구의 물질대사 활성화에 대한 토르마늄과 나노다이아몬드 토르마늄의 효과

그림 25는 토르마늄과 나노다이아몬드 토르마늄의 서로 다른 적외선 방출량에 따른 세포 활성화와 온도에 따른 적외선 방출량이 다르다는 점을 확인하기 위하여 2가지 온도(37℃, 67℃)에서 수행한 실험 과정을 보여준다. 이때 사용한 세포는 단핵백혈구로 사람의 혈구 세포 중 가장 큰 세포로서 전체 백혈구의 6%를 차지하는데 말라리아, 홍역 등에 감염되었을 때 그 수가 증가하는 특성을 가지고 있다.

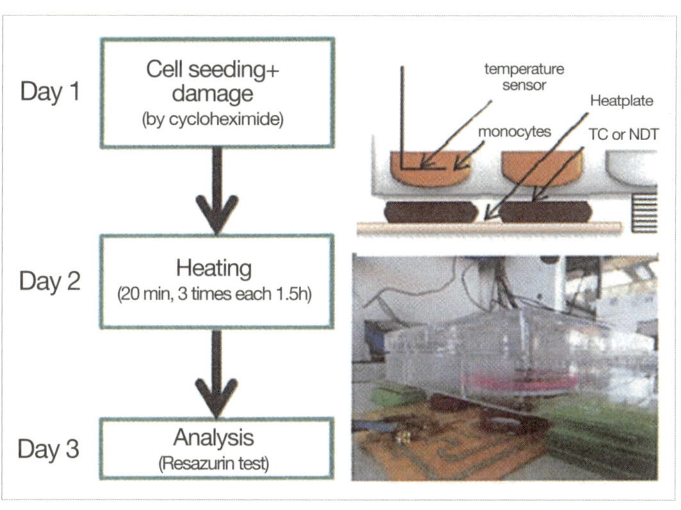

그림 25 실험 방법과 실험 진행 과정

그림 26에 보이는 실험 결과에 따르면 토르마늄과 나노다이아몬드 토르마늄은 온도에 상관없이 세포의 물질대사를 활발하게 하는 것으로 나타났으며 온도가 높을수록 그 효과가 커짐을 확인할 수 있었다. 이러한 결론으로 질병이 발생했을 때 토르마늄 또는 나노다이아몬드 토르마늄

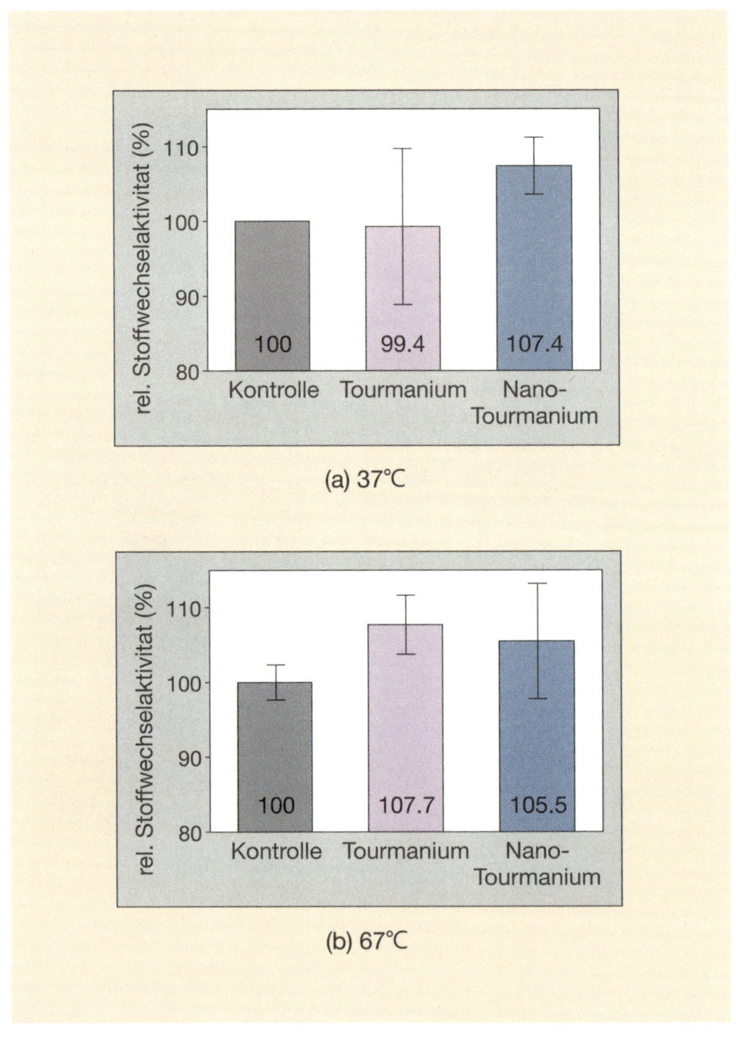

그림 26 손상된 단핵백혈구의 물질대사 활성화에 대한 비접촉 방식의 토르마늄과 나노다이아몬드 토르마늄의 효과

매트는 인체의 신진대사 기능을 높여 사용자의 회복을 빠르게 할 수 있음을 간접적으로 확인할 수 있다.

인간 단핵백혈구와 섬유아세포의 물질대사 활성화에 대한 토르마늄과 나노다이아몬드 토르마늄의 효과

그림 27의 실험 방법에 따라 단핵백혈구와 섬유아세포의 물질대사

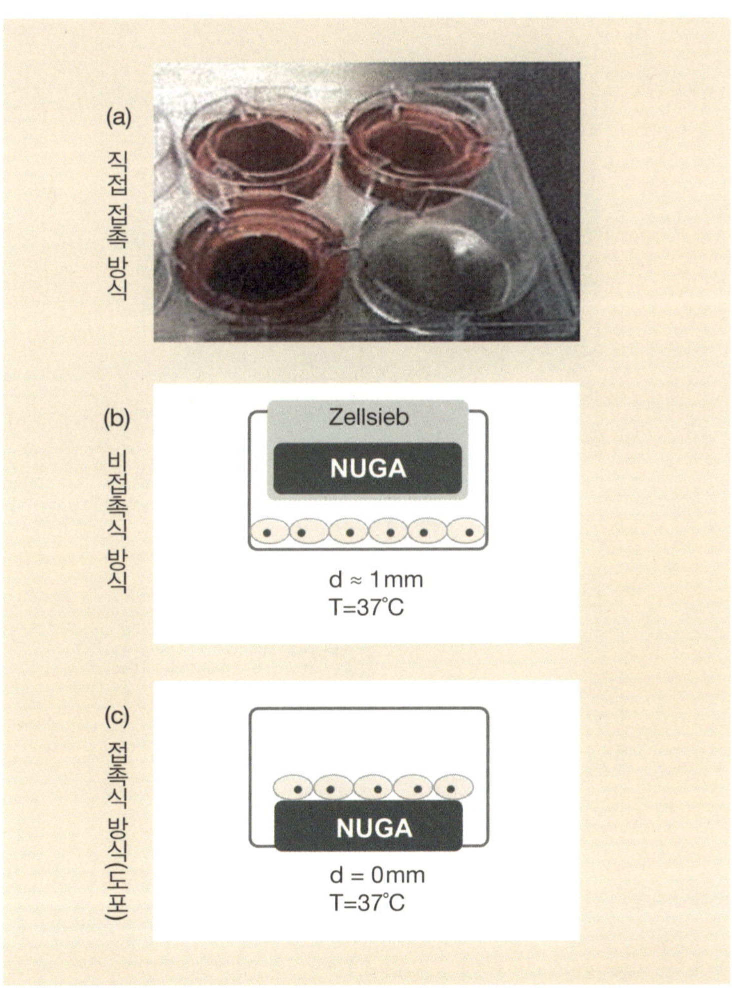

그림 27 토르마늄과 나노다이아몬드 토르마늄의 실험 방법

활성화를 확인하고자 하였다. 일정한 온도에서 일반 토르마늄과 나노 다이아몬드 함유 정도(0.05%, 0.1%)에 따른 효과 차이를 확인하였다.

세포와 토르마늄의 직접적인 접촉 방식은 효과가 없는 것으로 나타났다. 단핵백혈구의 경우 비접촉식 방식을 통해 물질대사 활성화가 증가함을 확인할 수 있었다(그림 28).

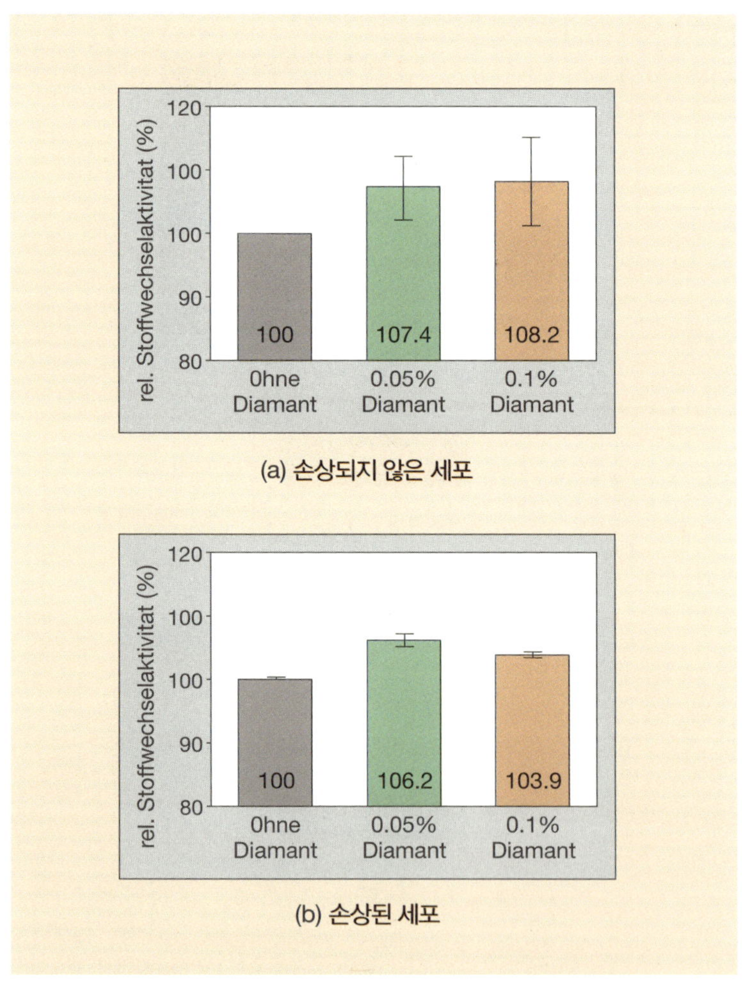

그림 28 단핵백혈구 세포 물질대사 활성화 실험

섬유아세포의 경우 토르마늄과 나노다이아몬드 토르마늄 위에만 세포를 도포한 방식을 이용하여 실험을 수행하였으며 물질대사 활성화 차이가 큼을 확인할 수 있었다(그림 29).

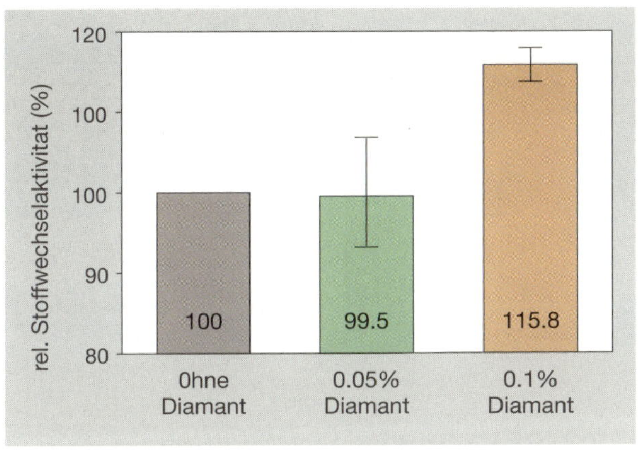

그림 29 섬유아세포 물질대사 활성화 실험

(3) 토르마늄과 혈액순환의 관계

토르마늄, 나노다이아몬드 토르마늄 그리고 옥과 같이 적외선을 방출하는 물질들은 열이 가해지면서 혈액순환을 도와주는 성질이 있는 것으로 알려져 있다. 토르마늄과 나노다이아몬드 토르마늄의 경우 물질주변으로 이온을 끌어당기는 성질이 있다. 이러한 특성으로 인하여 혈액의 점탄성 특성이 변화게 되는 것으로 알려져 있어 혈액순환에 도움이 될 것으로 예측된다. 이에 본 실험에서는 옥, 토르마늄, 나노다이아몬드 토르마늄 팔찌를 착용 후 7분 후에 Laser speckle 장비를 이용한 혈액 순환 활성화 여부를 확인하였다.

토르마늄과 나노다이아몬드 토르마늄 모두 5~10분 내로 혈액순환이 개선됨을 확인할 수 있었다(그림 30, 31). 그러나 토르마늄에 의한 혈액순환 개선은 초기 혈류 속도에 따라 달라지는 것으로 확인되었다. 혈액 순

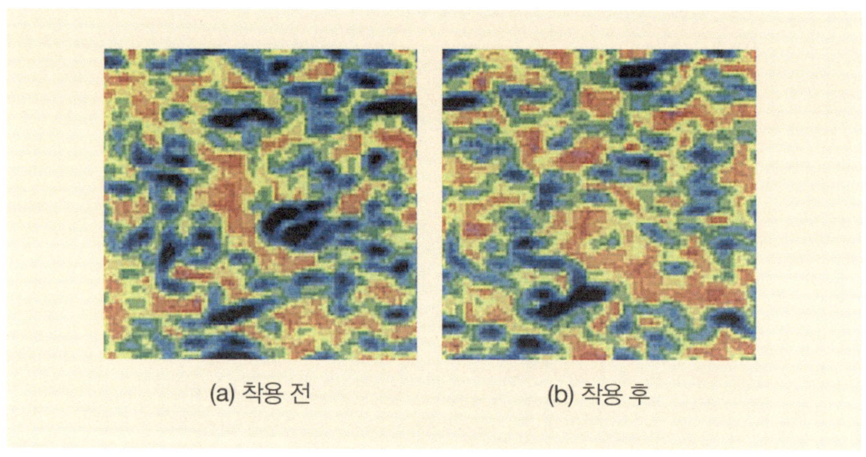

(a) 착용 전 (b) 착용 후

그림 30 나노다이아몬드 토르마늄 팔찌 착용 전후 (좌/우)
Laser speckle을 이용한 혈류 변화 사진

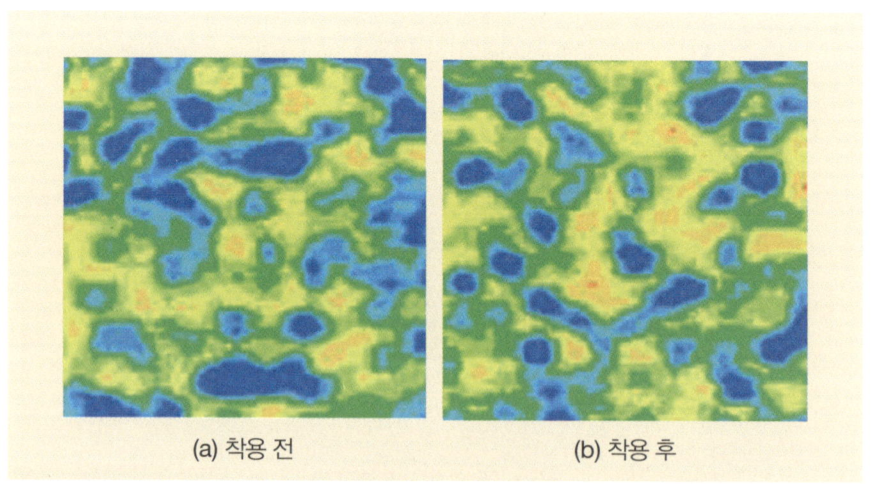

(a) 착용 전 (b) 착용 후

그림 31 나노다이아몬드 토르마늄 팔찌 착용 전후 (좌/우)
Laser speckle을 이용한 생체 활성도 변화 사진

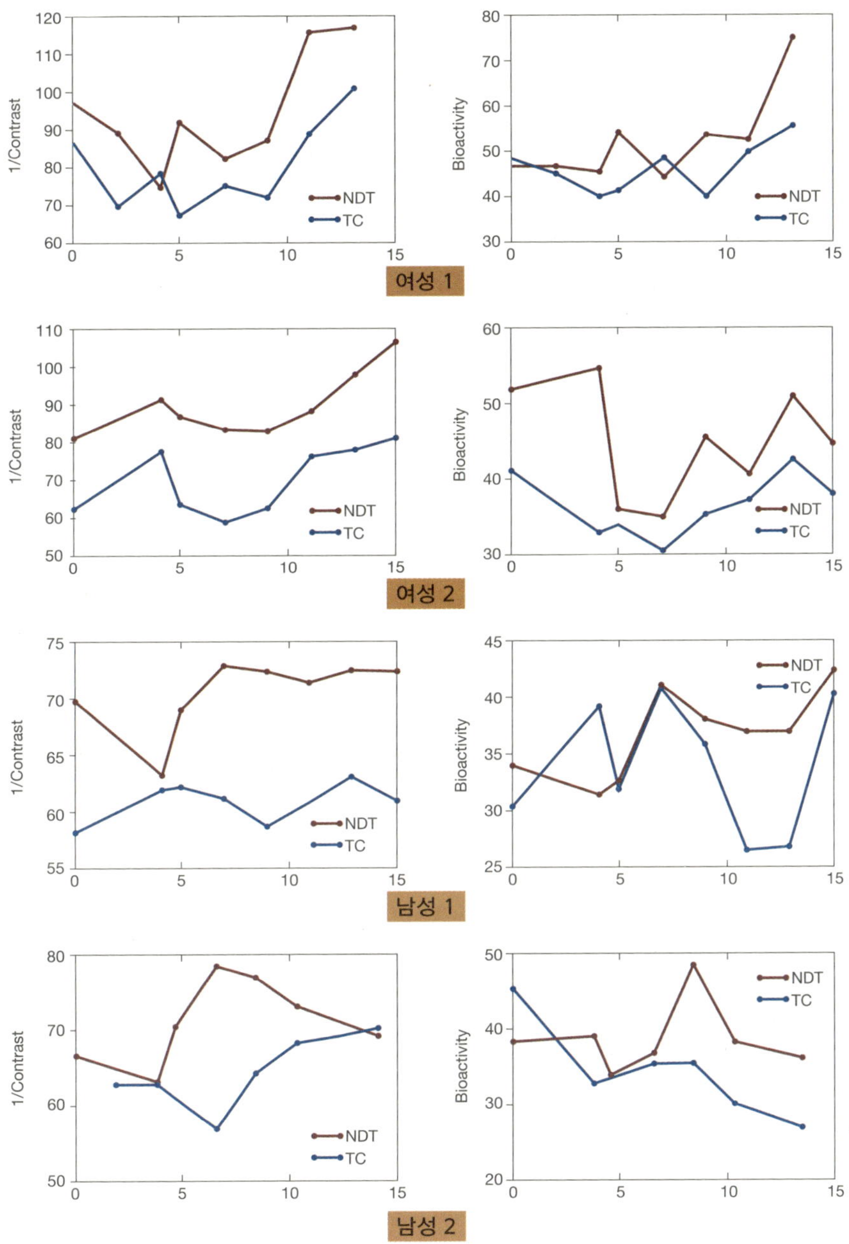

그림 32 토르마늄과 나노다이아몬드 토르마늄 팔찌 착용 후 시간에 따른 혈액 순환정도와 생체 활성도 변화 비교 실험

환에 장애가 있거나 점탄성이 높은 혈액을 갖고 있는 사람에는 효과적이지만 애초에 건강한 사람의 경우 토르마늄 효과가 나타나지 않는 것으로 확인되었다.

토르마늄과 나노다이아몬드 토르마늄의 비교실험을 남녀 4명 대상으로 15분간 진행하였다. 그림 32에 나타난 바와 같이 모든 경우에서 나노다이아몬드 토르마늄이 토르마늄보다 효과적인 것으로 나타났다. 토르마늄과 나노다이아몬드 토르마늄의 실험결과는 유사할 것으로 예측되어 왔다. 하지만 실험결과, 나노다이아몬드 토르마늄이 혈액 순환에 더 효과적임을 확인하였다.

토르마늄이 실제 세포에는 어떠한 영향을 미치는 지 확인하기 위하여 추가 실험을 진행하였다. 팔찌 착용 전에 사진을 찍고 20분 동안 팔찌 착용 후에 적혈구 세포의 변화를 관찰하였다.

그림 33의 결과에 따르면 나노다이아몬드 토르마늄을 사용한 경우가 토르마늄을 사용한 경우보다 적혈구가 넓게 분포하는 것을 확인할 수 있었다. 이러한 분포 변화가 혈액순환을 개선하는 것으로 예측된다.

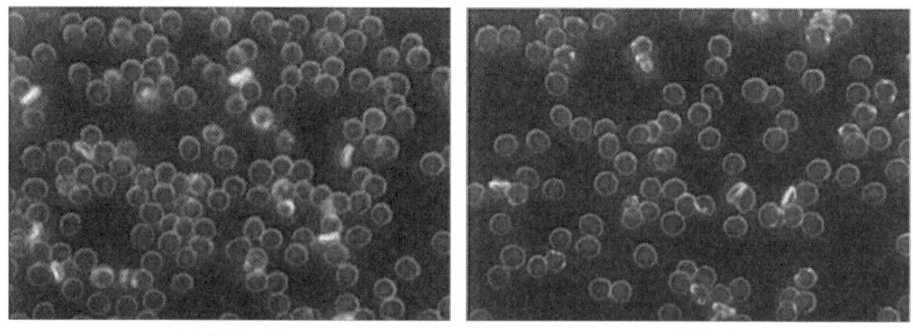

(a) 착용 전 (b) 착용 후

그림 33 나노다이아몬드 토르마늄 팔찌 착용 전(좌), 20분 착용 후(우) 적혈구 변화

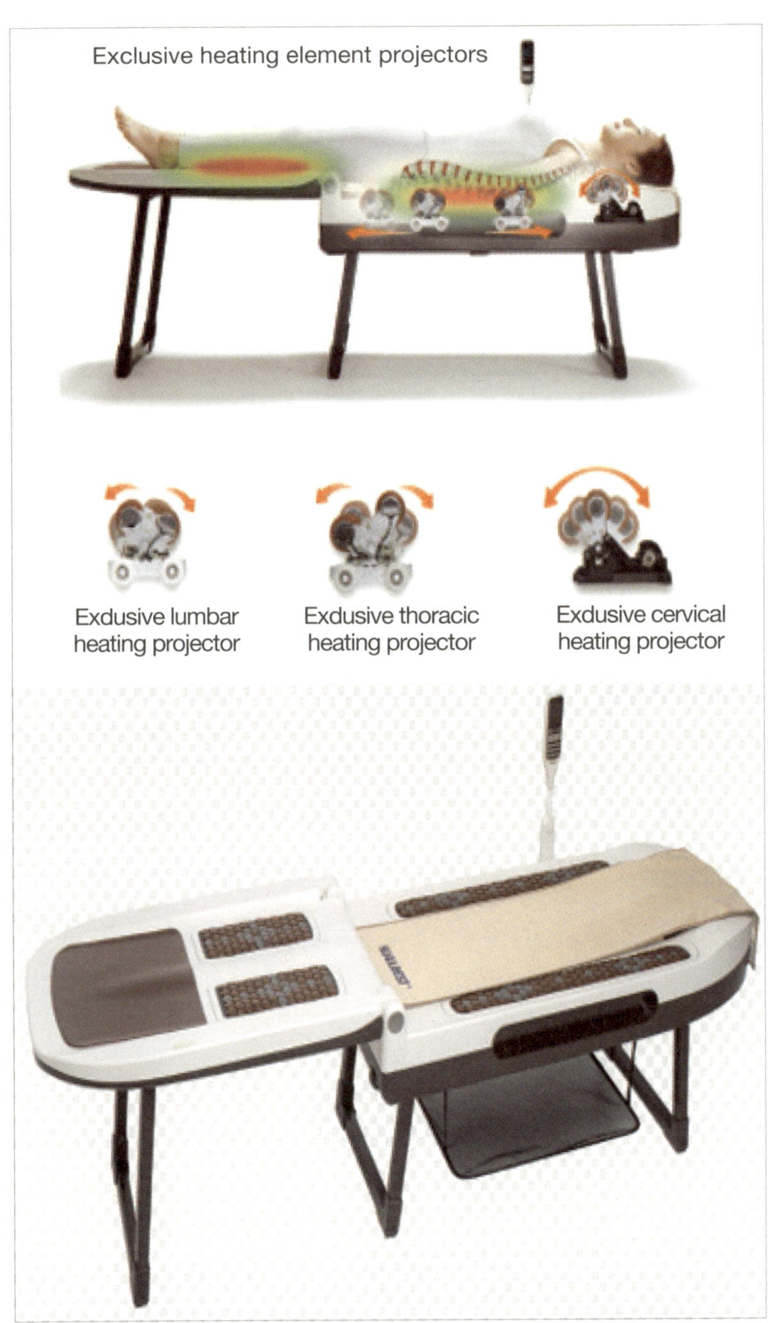

그림 34 누가의료기가 개발한 마사지-온열 자극기 N5와 작동원리

(4) 변형성 등병증 통증 완화와 폴더용 전신 조합자극기 효과

물리치료 이후 추가적인 마사지-온열 자극의 효과를 설문지를 통한 확인

메치니코프 공립 의과대학에서는 온열 자극기인 N5(그림 34)를 이용하여 변형성 등병증 통증 완화에 관한 연구를 수행하였다.

온열 자극기의 주 기전은 내부에 장착된 롤러로, 세라믹 토르마늄으로 코팅 되어 있고 롤러 내부에서는 온열을 발생시키는 열원이 존재한다. 기본 가열 온도 범위는 40도~70도이며 이상적인 온도는 55도~60도이다. 롤러가 침대 상하로 움직이면서 환자의 목, 등 및 허리의 척추 부분에 열을 가하게 되는 구조이다.

메치니코프 공립 의과대학에서는 등병증(M40-54)을 앓고 있는 35명의 환자를 대상으로 물리치료를 수행하고 추가적인 온열 자극기를 이용하여 3개월 동안 추적 관찰을 수행했다.

환자의 상태 진단 방법을 이용한 연구는 실험이 시작되기 전과 실험을 마친 후에 진행되었다. 환자들의 설문 실험 결과 등병증을 앓고 있는 환자에게 일반적인 약물, 물리, 운동 치료 이후 온열 자극이 주어질 경우 통계학적으로 통증 완화 효과가 있는 것으로 나타났다. 그림 35는 통증 부위에 온열 자극을 가함으로써 척추 신경에 영향을 미치고 통증이 완화되는 효과가 나타나는 것을 보여준다.

물리치료 이후 추가적인 마사지-온열 자극의 효과로 나타나는 생리학적 변화 관찰

하체의 혈액 순환의 효과 검증을 위해 도플러 초음파 기법을 이용했다. 도플러 고조 초음파 장비(Minimax-Doppler-K device, Minimax, Russia)를 이용하여 비 침습적 방법으로 혈류를 측정하였다. 온열 자극

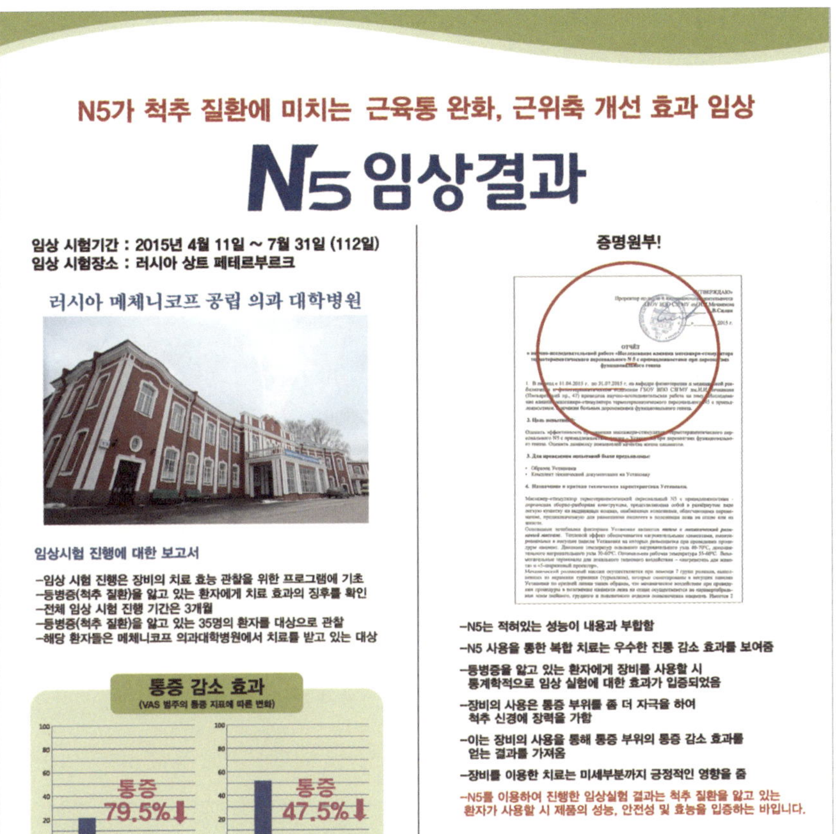

그림 35 온열 자극기의 성능 및 효능

의 근육에 대한 효과를 확인하고자 근전도(EMG)를 이용하였다.

온열 자극기를 이용한 경우 대동맥부터 미세혈관의 혈류속도까지 영향을 주어 동맥 및 정맥의 혈액 공급 속도가 증가하는 것으로 나타났다. 온열 자극 이후 근전도(EMG)의 진폭과 주파수 지표를 통해 분석한 결과 모든 환자에게서 좋은 결과를 보였다.

이번 임상 실험 결과는 등병증을 앓고 있는 환자가 사용할 시 온열 자극기 N5제품의 성능 및 효능을 입증했다고 할 수 있다.

토르마늄에 관한 국내 연구소 연구

본 절에서는 누가의료기 사에서 개발한 복합 바이오세라믹인 토르마늄(TC)을 이용한 온열 자극기에 대하여 연세대학교 프라운호퍼 IKTS-MD 의료기기 공동연구센터와 국내 유명 사립대학교 병원 의료기기 임상지원센터에서의 실험결과를 소개하고자 한다.

그림 36의 연세대학교 프라운호퍼 IKTS-MD 의료기기 공동연구센터에서는 누가의료기 사에서 개발한 토르마늄을 이용하여 근육과 토르마늄의 관계에 관한 연구를 수행하였다. 근위축이 일어날 경우 근육의 부피가 작아지는 현상이 나타나는데, 쥐를 이용한 실험에서 같은 조건에서 토르마늄이 있는 경우 근위축이 적게 일어남을 확인 할 수 있었다.

국내 유명 사립대학교 병원 의료기기 임상시험센터의 경우 개인용조합자극기기와 요통 간의 관계에 대한 연구를 수행하였다. 결과적으로 개인용조합자극기기가 요통 완화에 큰 역할을 하는 것으로 확인하였다.

(1) 항알레르기 효과를 갖는 토르마늄

알레르기(Allergy)란 그리스어인 allos에서 유래되었는데 이는 변형된 것을 의미하며, 1906년 프랑스 학자 폰 피케르가 처음으로 알레르기

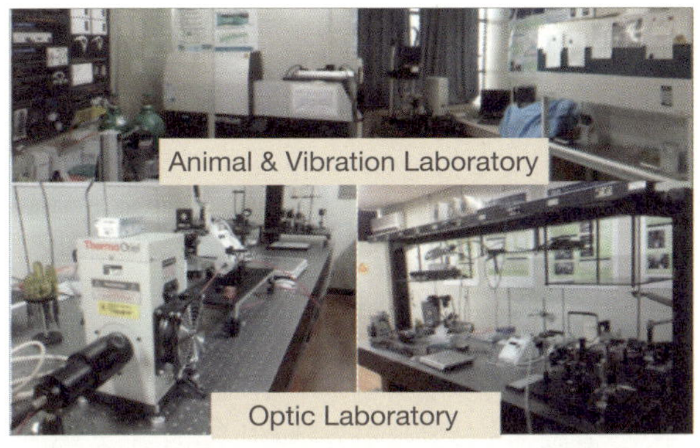

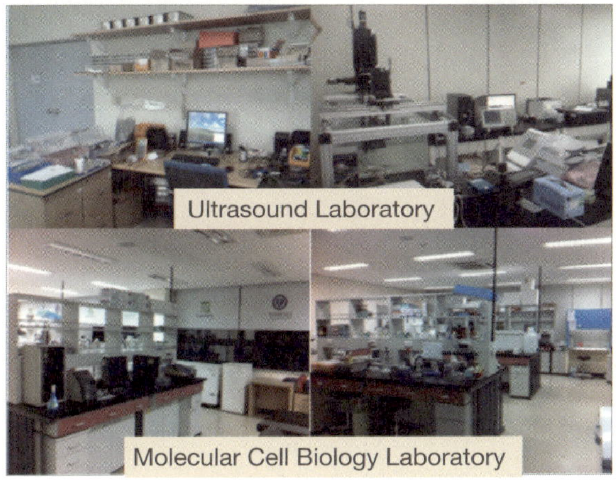

그림 36 연세대학교 프라운호퍼 IKTS-MD 의료기기 공동연구센터 연구소 전경

란 용어를 사용하였다. 이는 보통 대부분의 사람에게서는 아무런 문제도 일으키지 않는 물질이 어떤 사람에게만 두드러기, 비염, 천식 등 이상 과민반응(Hyper-sensitivity reaction)을 일으키는 것을 말한다. 알레르기도 우리 몸에서 일어나는 면역반응의 한 종류지만 몸에 유해한 반응을 말하며 요즘 들어서는 과민성이란 의미로 사용된다.

알레르기 질환은 봄철에 주로 발생하는 계절형과 1년 내내 증상이 나타나는 만성형 알레르기질환으로 나뉘며 계절형이 해마다 계속되면 만성형으로 전환될 수 있다. 일반적으로 알레르기 질환은 봄철에 유행한다고 생각하나 우리나라에서는 집먼지 진드기에 의한 알레르기 질환이 사시사철 발생하는 경우가 많다.

이러한 다양한 항원에 의한 알레르기 반응으로는 유아의 기관지 천식, 아토피성 피부염, 비염, 두드러기, 습진 등의 원인 중 하나로 추정되는데 알레르기성 접촉성 피부염을 유발하는 항원 물질들은 점차 일상생활에서의 접촉 기회가 늘어나는 추세이다.

알레르기(Allergy) 반응은 무해한 항원, 즉 알러젠(Allergen)에 반응하여 생성된 IgE 항체를 지닌 개인이 계속하여 동일 알러젠에 노출되었을 때 일어난다. 알러젠은 이미 노출된 조직에 있는 IgE 결합 비만세포를 활성화시켜, 알레르기의 특징적인 반응들을 연속적으로 일어나게 한다.

비만세포 및 혈중 호염구는 여러 가지 알레르기 질환 즉, 알레르기성 비염, 알레르기성 아토피 피부염, 천식, 음식 알레르기 및 아나필락틱 쇼크 등을 유발하는 체내 세포로 알려져 있다. 이들 세포는 세포표면에 알레르기를 유발하는 항체인 IgE에 대한 수용체(receptor)를 가지고 있고, 그것은 알레르기를 유발하는 물질(항원 혹은 알러젠으로 불림)에 의해 자극을 받아 자신이 가지고 있는 다양한 알레르기를 유발시키는 물질을 세포 바깥으로 분비한다.

알레르기를 치료하는 다양한 방법들이 존재하나, 대부분 현대의 알레르기 치료는 그 원인을 없애기보다는 증상을 완화하는 방향으로 연구가 진행되고 있다. 대표적으로 알러젠에 의해 비만세포 등에서 분비된 히스타민이나 류코트리엔 등의 수용체에 대한 길항약들이 주를 이루고 이러한 약물들이 거대한 시장을 이루고 있다. 그러나 이러한 약물은 환자에게 투여 후 단기간 내에 내성을 보이기 때문에 일정기간이 지난 후 혹은 반복 투여시 환자들의 증상을 호전시키지 못하는 경우가 많다.

이 외에 다른 치료 방법으로 알레르기 환자가 앓고 있는 알레르기에 대한 알러젠을 규명한 후 이를 소량씩 수년간 투여하여 그 알레르기를 점차 감소시키는 방법이 있다. 하지만 이 방법은 우선 자극기간이 우선 수년이 걸리고, 아나필락틱 쇼크 등을 유발시킬 수 있다는 단점이 있다.

또한, 기타 DNA백신을 사용하는 방법, IgE가 비만세포의 수용체에 결합하는 것을 차단하는 치료법, 알레르기를 유발하는 사이토카인인 IL4에 대한 항체 치료법 등의 치료적 접근법이 있지만, 이러한 접근법들은 비용이 많이 들거나 아직 완전히 그 치료효과가 규명되지 않았다는 문제점이 있다.

토르마늄은 토르말린, 게르마늄, 맥반석 및 화산암 등이 섞인 결정체로 바이오세라믹의 일종이다.

다음 그림들에서, 토르마늄이 아토피성 피부질환, 알레르기성 비염, 천식 등 다양한 알레르기를 유발하는 비만세포로부터 알레르기 유발물질의 분비를 억제함으로써 그 증상 완화에 효과가 있다는 것을 알 수 있다.

그림 37의 결과는 토르마늄의 노출에 따른 비만세포의 알레르기 유발물질 분비 억제효과를 나타낸다.

그림 38은 토르마늄의 노출에 따른 RBL-2H3 비만세포의 생존률을 평가한 결과로, 토르마늄에 의해 세포 독성이 나타나지 않음을 확인 할 수 있다.

그림 39는 두 종류(타정형, 가루형)의 토르마늄 소재가 알레르기를 유발하는지 확인하기 위한 피부감작시험 케이스 스터디를 진행한 사진이다. 토르마늄 소재를 24시간 피부 접촉 시 피부 트라블이 없음을 확인할 수 있다.

위의 연구결과들을 정리하면 토르마늄은 비만세포의 알레르기 유발물질의 분비작용을 억제함으로써 다양한 알레르기 증상을 완화하기 위한 의료기기 등에 유용하게 활용될 수 있을 것이다. 또한 알레르기성 피부염, 알레르기성 비염, 알레르기성 천식, 알레르기성 중이염, 아나필락틱 쇼크(anaphylatic shock), 소아 알레르기성 질환 및 알레르기성 결

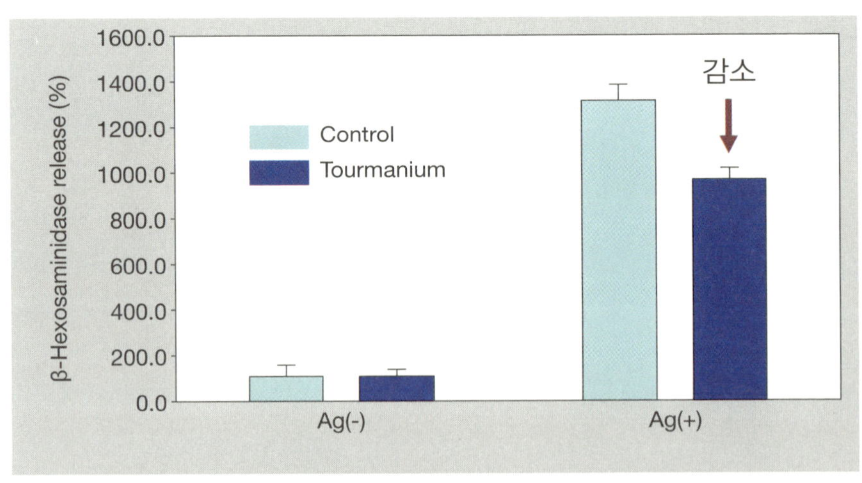

그림 37 토르마늄에 의한 알레르기 유발물질 분비 억제 효능평가

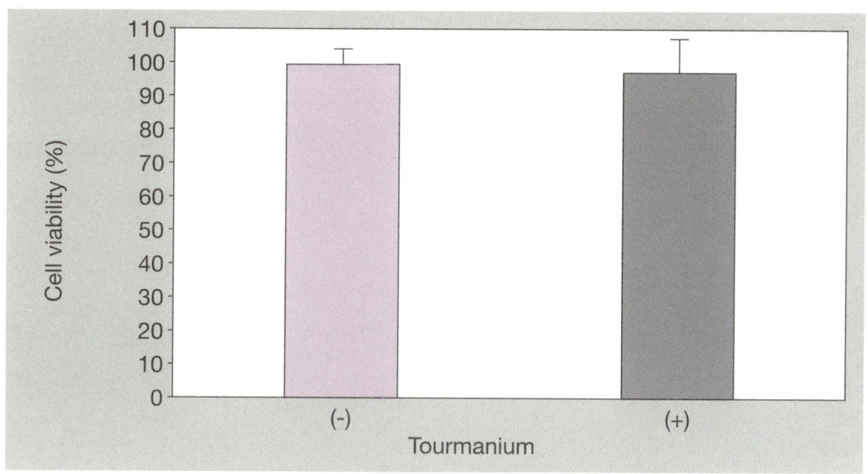

그림 38 토르마늄에 의한 RBL-2H3세포 독성평가

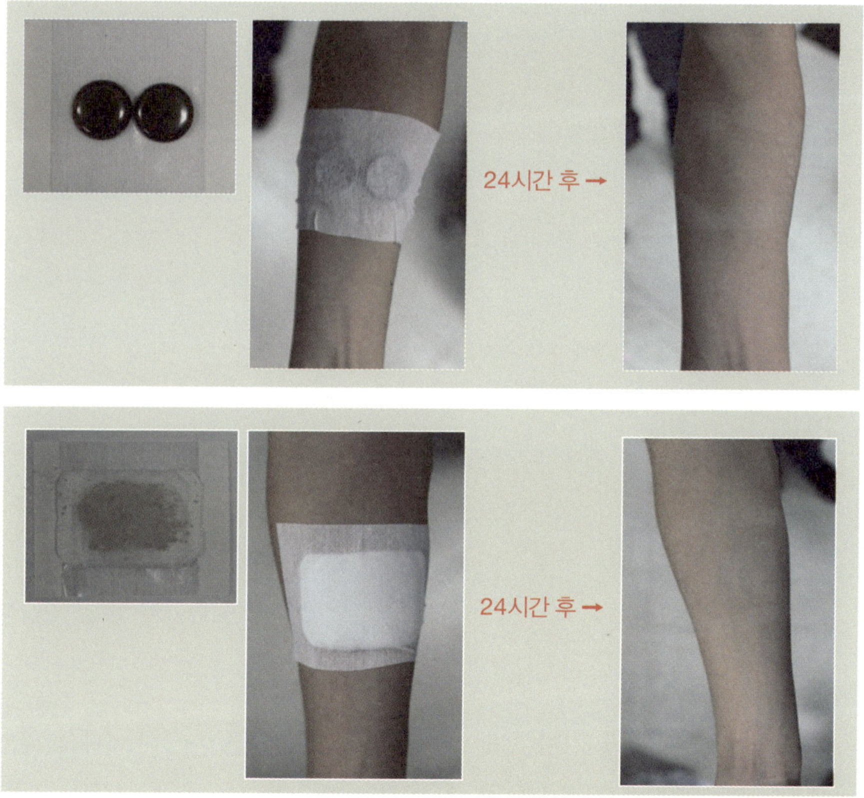

24시간 후 →

24시간 후 →

그림 39 토르마늄에 의한 피부감작시험 케이스 스터디

막염 질환 등의 예방용 조성물, 항알레르기 효과를 갖는 건물 내외장재 첨가제, 장신구, 온열매트, 의료기기 등으로 제조할 수 있을 것이다.

(2) 항근위축 효과를 갖는 토르마늄

근위축(atrophy)은 근육을 사용하지 않음으로써 발생하는 근육 조직의 손실 또는 근육 자체의 병 또는 근육을 지배하는 신경의 손상으로 정의할 수 있다. 일반적으로는 근육을 사용하지 않음으로써 심각한 근육 강도 손실이 발생해 점차 근위축으로 진행하게 되는 경우가 있으며, 이에 더해 중력이 없는 곳에서 생활하는 사람의 경우 또한 칼슘과 근육 강도의 감소에 의해 근력이 저하되는 증상을 보이는 경우가 있다. 그리고 근육 자체의 병으로 인한 근위축은 중증 근무력증(myasthenia gravis), 근이영양증(dystrophy) : 진행성근이영양증, 근긴장성근이영양증, 듀센형, 베커형, 지대형, 안면견갑상완형과 근육 자체에 발생하는 염증 등이 있고, 근육을 지배하는 신경의 손상으로 인한 근위축은 척수성 근위축(spinal muscular amyotrophy) : 베라드니히-호프만형, 쿠겔베르그-벨란더병, 근위축성 측삭경화증(amyotrophic lateral sclerosis, ALS) : 루게릭병, 척수구 근위축(spinobular muscular atrophy) : 케네디병 등이 있다. 근위축의 발생 원인은 아직 명확하게 밝혀지지 않았으며, 현재까지 근위축 발병의 주원인으로 제기된 것은 산화물질 증가에 의한 근세포 손상, 스트레스 단백질 발현 감소로 인한 근단백질 생성-재생 감소, 프로테아솜 유비퀴틴화(proteosomal ubiquitination) 활성화에 따른 근단백질 분해 촉진 등을 들 수 있다.

근위축은 크레아틴 키나아제(Creatine kinase : CK), 근전도검사, 근육생검, 분자생물학적 유전자검사, 세포유전학적 검사 등을 통해 진단이 이루어지며, 현재까지의 근위축에 대한 주된 치료방법은 물리치료와 합병증 및 기형, 기능장애 예방을 위한 작업치료, 호흡치료의 병행, 그리고 추가적으로 대증요법(symptomatic treatment)과 지지요법(supportive therapy)을 시도하는 것이 유일한 대응방법이다.

다음 그림들에서, 토르마늄이 근세포 손상, 괴사를 예방하고, 신경손상으로 인한 근위축에 항근위축 활성을 나타낸다는 것을 실험을 통해 최초로 규명함으로써 토르마늄의 근위축 예방 또는 개선을 위한 활용 가능성을 파악할 수 있다.

그림 40은 토르마늄을 바닥에 깔고 C_2C_{12} 근육세포에서 배양하였을 때 나타나는 세포독성을 보여주는 세포사진이다. 그림 41의 그래프에 나타낸 것과 같이 토르마늄이 세포의 변형을 유도하거나 세포독성을 유도하지 않았음을 확인할 수 있다.

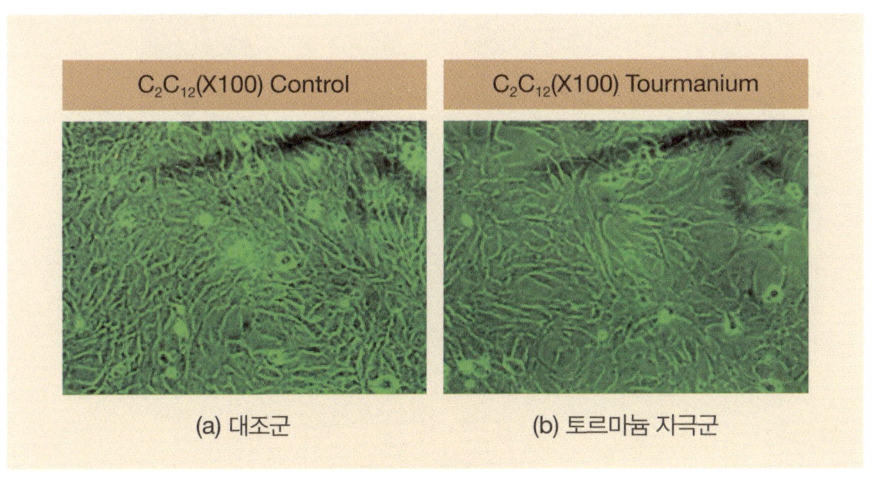

(a) 대조군 (b) 토르마늄 자극군

그림 40 토르마늄에 의한 C_2C_{12} 세포 이미지

그림 42는 산화스트레스로 손상을 유도한 C_2C_{12}근육세포에서 토르마늄에 의해 근육세포의 손상을 예방하고 회복하는 효과를 나타낸다.

그림 43은 신경절제에 의한 근위축을 유발하는 마우스 모델을 제작하는 과정의 사진이다.

그림 44는 신경절제를 통한 근위축 유발 후 토르마늄 패드의 유무에 따른 근위축 개선 효과를 비교하기 위한 실험 과정의 사진이다.

그림 45, 46은 신경절제를 통한 근육위축 유발 후 토르마늄 패드가 근육의 위축을 억제하는 효과를 보여주는 사진이다.

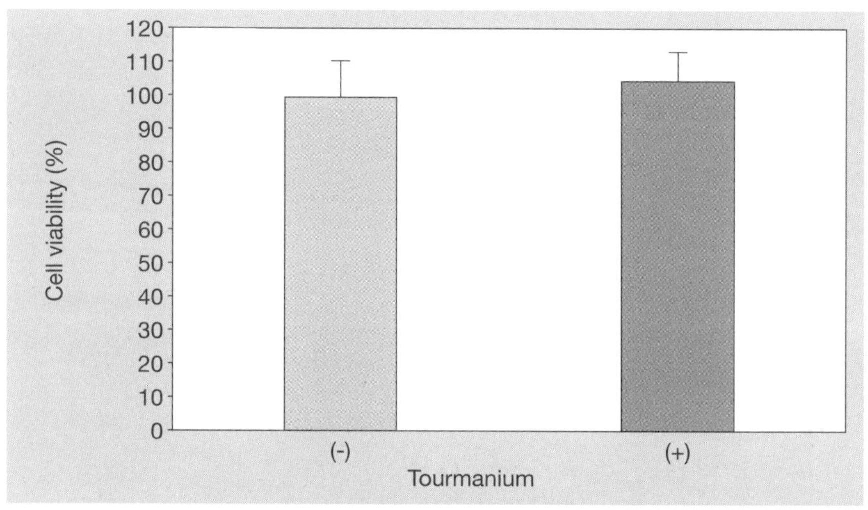

그림 41 토르마늄에 의한 C_2C_{12}세포 독성평가

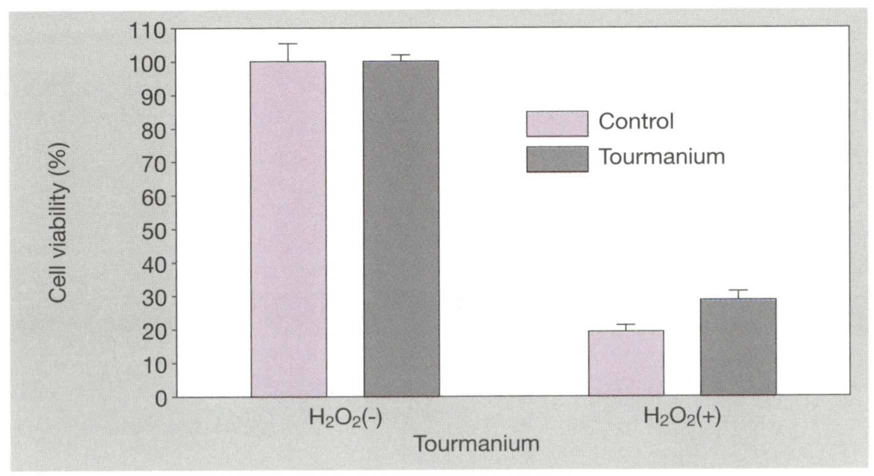

그림 42 토르마늄에 의한 C_2C_{12} 근육세포 회복 효능평가

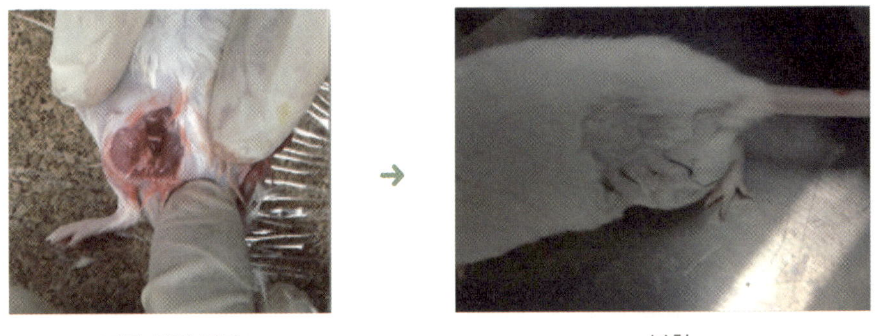

좌골 신경 절단 → 봉합

그림 43 신경절제에 의한 근위축 유발 모델 제작 과정

토르마늄 미적용

토르마늄 적용

그림 44 근위축 예방 또는 개선 효과를 비교하기 위한 실험 과정

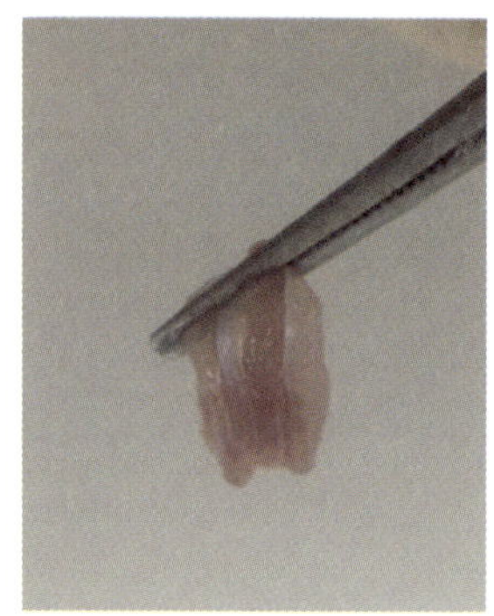

토르마늄 미적용

토르마늄 적용

그림 45 토르마늄에 의한 근육의 비교 사진

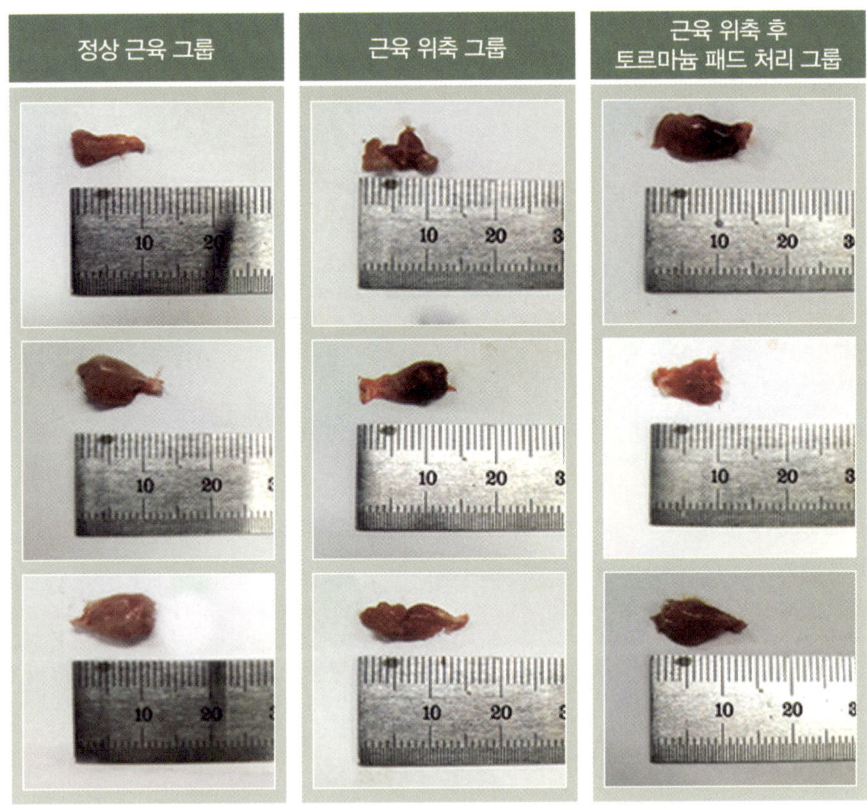

그림 46 토르마늄에 의한 근육 크기의 비교 측정

그림 47은 신경절제를 통한 근육위축 유발 후 토르마늄 패드가 근육의 위축을 예방 또는 개선효과의 결과를 통계 처리한 그래프를 보여준다.

위 연구 결과를 정리하면, 토르마늄을 유효성분으로 포함하는 근위축 예방 또는 개선용 조성물에 관한 것으로, 토르마늄 패드를 통한 세포 및 동물실험을 통해 그 효과를 확인하였으며, 그 결과 C_2C_{12} 근세포 손상 후 생존율이 회복되고 동물의 가자미근의 무게가 증가하는 결과를 확인하였다. 토르마늄은 근세포 손상, 괴사를 예방하고, 신경손상으로 인한 근위축에 항근위축 활성을 나타내므로 근위축 예방 또는 개선하

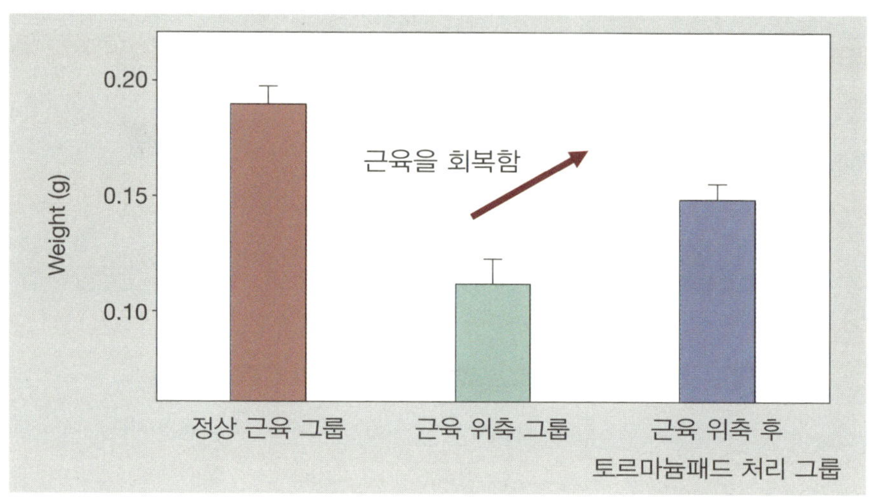

그림 47 근육 무게 비교 결과

기 위한 의료기기 등에 유용하게 활용될 수 있을 것이다.

(3) 토르마늄의 전신자극기 적용 연구

위와 같은 토르마늄의 연구 결과를 바탕으로 연세대학교 전산의용생체공학 연구실에서는 전신자극기에 토르마늄을 적용하고 그에 대한 효과를 측정 하였다. 실험 보고에 의하면 토르마늄이 부착된 전신자극기를 활용하여 인체에 지압과 온열의 조합 자극을 가하여 이에 따른 스트레스에 미치는 영향을 VAS, EMG, ECG 측정을 통하여 분석하였고 최종적으로 토르마늄이 부착된 마사지 기계를 활용한 조합마사지가 자율신경계중 부교감신경을 활성화 시켜 인체의 스트레스 완화에 효과적이라는 것을 밝혀내었다(의공학회지, 2012).

더불어 주관적 심리적 평가를 위한 설문, 심박변이도(Heart Rate Variability, HRV), 뇌파 (electroencephalogram, EEG)측정 등과 같은 심

리학적, 운동학적, 생리학적 평가와 같은 전반적인 평가를 통하여 인체의 스트레스에 미치는 영향을 분석하였고 최종적으로 토르마늄이 부착된 전신자극기를 활용한 자극이 인체의 스트레스 감소에 효과적이라는 것을 밝혀내었다. 이 결과는 해외 논문 중 게재가 상당히 까다로운 생명과학 분야의 여러 독창적인 연구 및 리뷰를 다루는 Biomed Research International (Impact Factor : 2.134, 2016)을 통해 게재 될 정도로 토르마늄을 적용한 전신자극기의 효능에 대한 신뢰성은 검증 되었다고 할 수 있을 것이다.

(4) 요통환자에 대한 효과와 토르마늄 전신자극기

국내 유명 사립대학교 병원 의료기기 임상시험센터에서는 누가의료기에서 제작한 개인용조합자극기[NM-2500A(S)]의 요통에 대한 유효성 및 안전성을 확인하고자 임상연구를 수행하였다.

요통은 사람이 경험하는 통증 중 흔한 통증으로 인류의 약 80% 이상이 한번은 경험하게 되는 질환이다. 요통의 경우 대부분은 양호한 경과를 보이나 급성 요통일 경우에는 회복 후에도 다수의 환자들이 재발을 경험하게 되며 길게는 6개월 이상 지속되는 경우도 있다. 통증에 대한 온열 자극은 요통환자에게 지속적인 임상효과가 보고되고 있는 요법으로 비용대비 효과와 안전성 면에서 널리 사용되고 있다.

온열자극은 근육과 정신을 이완시켜준다. 이때 발생하는 엔도르핀의 영향으로 통증이 완화되며 적용 부위의 혈류 개선에 임상적인 효과가 있다고 알려져 있다. 본 연구에서는 실제 상용화된 개인용조합자극기의 요통에 대한 효과를 확인하고자 하였다.

본 실험은 요통의 치료율과 요통에 따른 통증관련 설문조사를 수행하였다. 2주 동안 통원 치료 종료 직후 통증감소에 따른 치료성공자는 온열 자극을 받지 않은 19명 중 3명, 온열 자극을 받은 다른 19명 중 11명이었다. 치료의 지속 효과를 확인결과, 치료 종료 2주 후 온열 자극을 받지 않은 19명 중 4명, 온열 자극을 받은 19명 중 9명이 치료에 성공하였다. 이를 통해 온열 자극이 자극 중단 후에도 지속적인 효과를 가지고 있는 것을 확인할 수 있었다.

본 임상실험결과 보고서는 만성 요통환자가 개인용조합자극기[NM-2500A(S)]를 2주간 사용한 결과 통증 감소 및 근육의 효율적 동원에 유의한 개선효과를 보임을 보고하고 있다(그림 48, 49).

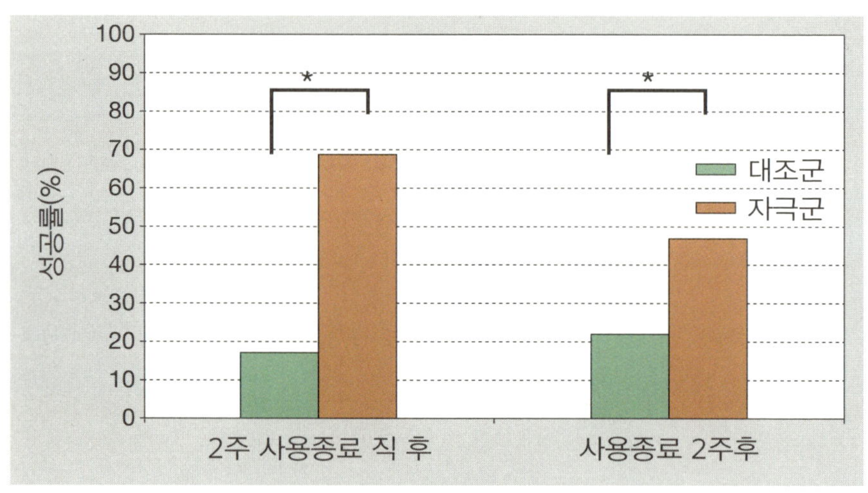

그림 48 시각적 상사척도에 따른 성공률

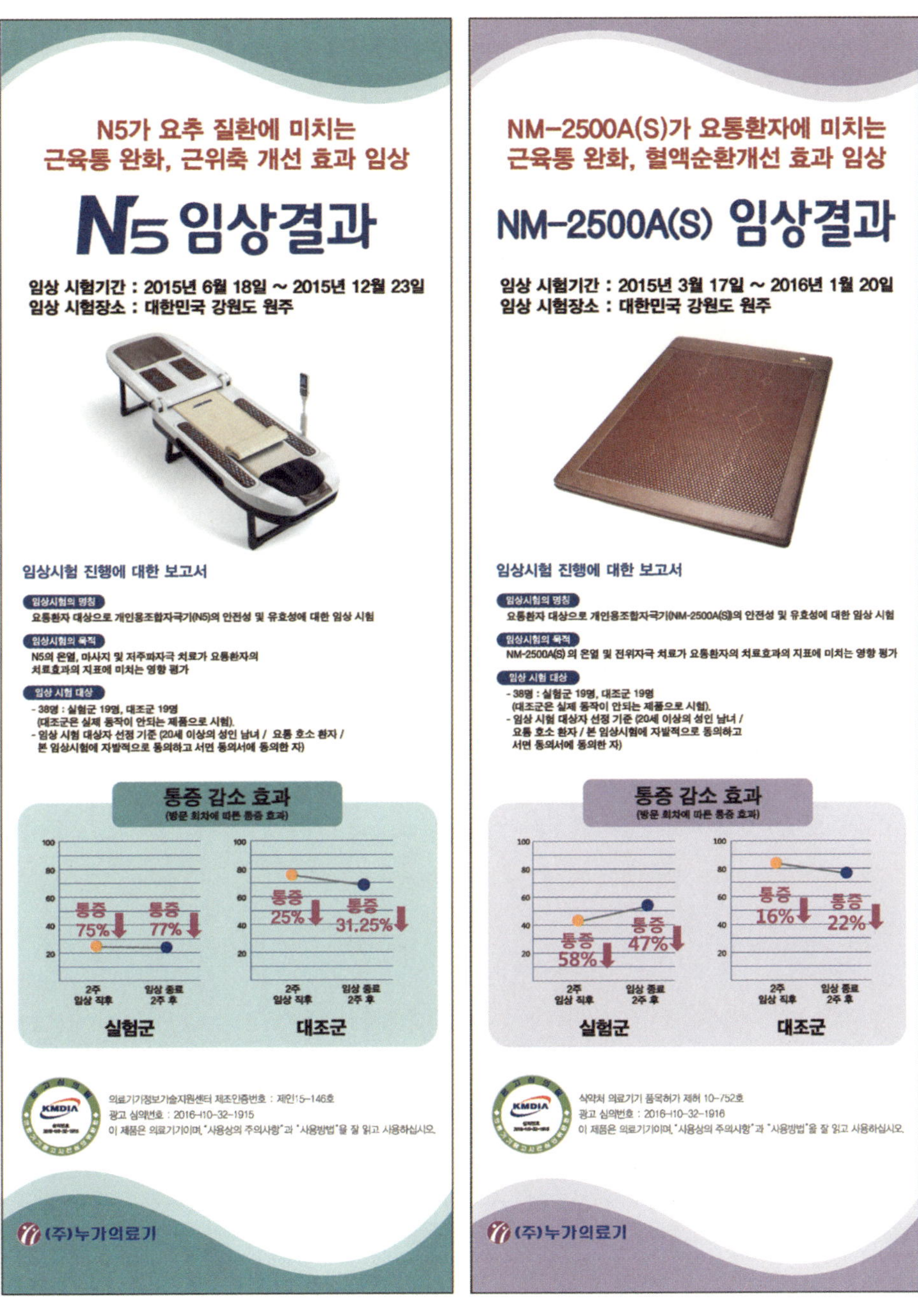

그림 49 온열 자극기의 통증 감소효과

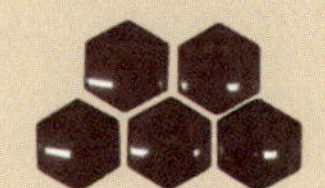

인체에 이로운 광물 **토르마늄 TOURMANIUM**

IV 토르마늄의 효능 및 사용후기

1 토르마늄의 효능

토르마늄을 사용한 제품은 건강 측면에서 보면 사람 몸에서 늘 방출되고 있는 열 에너지를 토르마늄이 흡수한 다음, 원적외선으로 변환시켜 다시 사람의 몸으로 되돌리는 작용을 한다. 원적외선은 인체의 심층부터 세포를 따뜻하게 데워서 혈액 순환을 좋게 하고, 신진대사를 활발하게 해서 세포를 활성화 시키는 작용을 하게 된다. 원적외선을 통한 온열효과는 피로를 회복하고 위장의 움직임을 활발하게 하고 신경통, 근육통을 완화시켜 주고, 뭉친 근육을 풀어준다. 인체가 방출한 열에너지를 토르마늄이 재이용하여 원적외선 형태로 강화해서 인체로 되돌리기 때문에 심층 체온을 상승시키며 이러한 효과를 통하여 냉증 체질을 개선 및 통증완화 등의 효과를 나타낸다.

다음으로 히드록실 이온이라는 마이너스 전자를 통한 건강 촉진 작용이다. 바이오세라믹의 효과는 인간을 둘러싼 공기중의 수분과 인체의 세포에 포함된 수분에 정전기가 흘러 발생한 히드록실 이온이라는 마이너스 전자에 의해 사람을 건강하게 해 주는 것이다.

사람은 생체전기를 가지고 있으며, 나트륨과 마그네슘 등 인체를 구성하고 있는 요소의 많은 부분에 플러스 요소가 많기 때문에 건강효과를 증진시키기에는 바이오세라믹이 효과적이다. 주목 받는 바이오세라믹의 작용으로는 세포활성, 혈액정화, 저항력 증진, 그리고 자율신경에 영향을 미쳐서 교감신경 흥분을 억제하는 효과가 있으며 특히 피로회복, 어깨 결림, 근육통, 신경통, 혈액순환 장해, 불면증, 만성변비, 내장질환, 성인병, 부인병 등을 치유하는 효과가 있다고 알려져 있다.

2 토르마늄의 사용후기

다음은 국내·외 소비자가 토르마늄 온열자극기를 사용하고 작성한 다양한 사용후기 중에서 일부를 소개하고자 한다.

(1) 해외 사용후기

나잣 샤흐디(Najat Chahdi), 여, 모로코, 62세

저는 남편과 2남 2녀를 두고 있는 평범한 가정주부 입니다. 어느 날 어깨에 작은 통증이 생기기 시작했습니다. 처음에는 잠을 잘 못 잔 것으로 여겨 대수롭지 않게 여겼지만 그 통증이 점점 더 심해지고 결국에는 어깨 뼈가 차디찬 얼음 물에 빠져있는 것처럼 시리고 말로 표현 할 수 없는 종류의 통증이 저를 괴롭혔습니다. 이유를 알 수 없는 어깨 통증은 지속되었고, 밤이면 통증으로 잠을 이룰 수 없는 정도로 힘든 나날이 계속되었습니다.

2015년 6월 말에 처음 토르마늄 온열 자극기를 사용한 이후 한달 동안 꾸준히 사용하였습니다. 그 후 7월 말 정도에 몸에 작은 변화가 생기기 시작했습니다. 밤낮 없이 괴롭히던 통증들이 줄어들었고 무엇보다도 아직까지는 힘들긴 하지만 어깨를 들어 올려 스스로 머리를 손질하고 히잡을 쓸 수 있게 된 것이 너무 좋았습니다.

여러분 모두 토르마늄 온열 자극기를 사용하면 분명히 건강해 질 것입니다. 알라신의 축복을 빕니다.

감사합니다.

● 지오르지 펄죠카(Gjergji Pergjoka), 남, 알바니아, 65세

제가 한국을 방문하였을 때 운이 좋게도 토르마늄 온열 조합자극기를 체험할 수 있는 기회가 주어졌습니다. 당일에 바로 손의 감각이 달라지는 것을 느꼈습니다. 뇌일혈로 고생한 후에 손을 전혀 움직일 수 없었는데, 온열조합자극기를 체험을 하는 동안에 손가락에 감각이 들고 조금씩 움직임을 느꼈습니다. 그것은 정말 기분 좋은 체험이었습니다. 그리고 자주 일어나던 심한 어지럼증이 확실히 줄어드는 것을 느낄 수 있었습니다. 저는 사람들에게 말하고 싶습니다. 건강에 관련된 문제가 발생했다면 즉시 온열 자극기 체험을 시작해야 한다는 것입니다. 토르마늄 온열 자극기를 통해 몸이 아픈 그 문제로부터 벗어나거나 적어도 더 악화가 되는 상황은 면할 수 있기 때문입니다.

토르마늄 온열 조합자극기를 내 인생에 만나게 해주신 신께 감사 드립니다.

● 미나 델라로스(Myrna Dela Rosa), 여, 필리핀, 58세

안녕하세요, 저는 미나 델라로사 58세 필리핀 발렌주엘라에 거주하고 있습니다. 지난 2016년 9월 26일 처음 토르마늄 온열 자극기를 사용하였고 이에 희망이 생겼으며 저의 건강이 좋아질 수 있었습니다.

저는 쌀밥도 많이 먹고, 초콜릿, 케이크 같은 단 음식과 탄산음료 등을 먹는 것을 즐겼습니다. 2005년 의사의 처방으로 약을 먹었고 생활습관을 바꾸지는 않았으며 그 약이 내 병에 효과가 있고 문제가 없을 거라고만 생각하였습니다.

3년 후 병원을 다시 방문하여 건강상태를 확인하였을 때 많이 충격적이었습니다. 공복 혈당이 200~300 사이에 이른 것입니다. 때문에 항

상 피곤했고 졸리고 목이 마르고 소변을 보는 일이 힘들었습니다. 의사는 제게 인슐린을 처방해 주었습니다. 그러던 2016년 9월 20일 남편 동생이 토르마늄 온열 자극기를 소개해 주었습니다. 토르마늄에 대한 많은 이야기들을 들었고 나도 좋아질 수 있다는 희망을 가지게 되었습니다. 고객들이 많아 매일 5시간을 기다리기도 했습니다.

지속적인 토르마늄 온열 자극기를 사용 후 1주일이 지나자, 몸이 가벼워지는 느낌을 받았고 잠도 잘자고 소변도 잘 보는 것을 경험하였습니다. 그래서 계속해서 온열 자극을 받았고, 남편이 제 몸이 좋아지는 것을 확인하고 같이 토르마늄을 사용하게 되었습니다.

2016년 12월 5일, 토르마늄 온열 자극기를 집에 설치하고 매일 3~5번 정도 사용한 결과 믿을 수 없었던 일이 생겨났습니다. 2017년 1월에 측정한 혈당이 110까지 낮아진 것입니다. 건강은 완전히 회복되었고 남편도 일에 복귀할 수 있게 되었습니다. 온열자극기를 통해 건강을 회복하고 새로운 희망을 얻게 된 만큼 우리가족 모두 열심히 행복하게 살겠습니다. 감사합니다.

● 띠모시나 쓰베뜰라나, 여, 러시아, 49세

저는 위 역류 현상이 있었고 간 검사 및 초음파 검사 결과가 항상 기준보다 높았습니다. 또한 몇 년 동안 비염과 부비강염 때문에 고생을 많이 했습니다. 또한, 무릎 관절염이 있었기 때문에 2016년에 수술 할 예정이었습니다. 그러던 중에 2016년 6월에 처음 토르마늄 온열 자극기를 사용하게 되었습니다. 열심히 체험을 한 결과 살도 많이 빠지고 건강문제도 많이 해결 되었습니다. 소화상태가 많이 좋아지고 각종 검사 결과도 양호하게 나왔습니다. 무릎 통증에 대해 병원을 재차 방문하여 검사를 받은 결과 4급 관절염이 3급으로 호전 되었습니다. 지난 4개월 동안 토르마늄 온열 자극기를 통한 건강관리를 하여 좋은 결과를 얻은 것으로 생각됩니다.

저에게 일어난 이 모든 일에 대해 진심으로 감사 드립니다.

(2) 국내 사용후기

장경미, 여, 구미, 46세

저는 기능장애성 자궁출혈과 면역결핍으로 병원에서 호르몬 치료와 면역치료를 받았었습니다. 하지만 하혈은 지속되고 알 수 없는 복통으로 인해 주기적으로 진통주사를 맞았으며 호르몬 부작용으로 두통과 불면증, 온몸이 붓고 혓바닥이 갈라지며 출혈 증세가 있었습니다. 병원측에서는 계속 하혈을 할 경우 자궁 적출 수술을 해야 한다고 하였습니다. 몸 상태는 호전되지 않았고 방법이 없어 수술하기로 마음을 먹었습니다. 이러한 상황에서 토르마늄 온열자극기를 체험하게 되었는데 처음에는 속이 메스껍고 이게 효과가 있을지 생각이 들었었습니다. 그런데 토르마늄 온열자극기를 체험하는 4일째 되던 날 호전반응이 나타나기 시작했습니다. 4개월 넘게 괴롭히던 하혈이 완화되고 1주일 후에는 하루에 1시간 자던 잠도 4시간 푹 잘 수 있게 되었고, 3주가 지나면서 진통제를 끊으며 점점 달라지는 몸의 변화를 느낄 수 있었습니다. 토르마늄 온열자극기를 만난 건 정말 행운이라고 생각합니다.

한유덕, 여, 서울, 35세

저는 당뇨와 변비, 손가락 류마티스 관절염, 발바닥 각질, 중이염, 백내장, 발가락 골수염 등 병증이 많았습니다. 당뇨로 인해 순환이 되지 않으니 양쪽다리 정강이가 시려서 이불을 덮어도 바람이 들어와서 양말을 두 켤레씩 신어야 했고, 좌측 엄지발가락은 골수염이 심해서 인공뼈 이식수술을 했으며 손은 류마티스 관절염까지 생겨 가사생활을 전혀 할 수가 없었습니다. 이러다 보니 좋다는 것은 이것저것 다 해 보았으나 차도가 없던 중, 그때 만난 것이 토르마늄 온열 자극기였습니다. 처음 토르마늄 온열 자극기를 사용한 날은 그 극심한 통증으로 견디기가 어려웠지만 다음날 아침에 조금 가벼워지는 느낌이 있어서 이를 악물고 계속 토르마늄 온열자극기를 사용하였습니다. 선생님들의 헌신적인 도움으로 몸의 부종이 조금씩 빠지고 발가락의 고름도 조금씩 좋아져서 토르마늄 온열 자극기를 집에 설치하여 자택에서 사용하기 시작했습니다.

지금까지 계속 토르마늄 온열자극기로 관리한 결과 점점 건강이 좋아지고 있음을 느낍니다. 다리를 절단하지 않고 이렇게 내 발로 걸어 다닐 수 있다는 것은 정말 기적과 같은 일입니다. 질병의 고통에서 벗어나게 해 준 모든 분들께 감사의 말씀을 전합니다.

박두련, 여, 창원, 58세

저는 50대 초반부터 왼쪽 무릎에서 종아리, 발까지 시리고 아파서 밤에 잠을 이루다가도 다리를 주무르며 잠을 설치고 지낸 날들이 많습니다. 어떻게 하면 이 통증을 떨쳐 낼 수 있을까 하고 많은 고민을 하였고 한의원을 찾아 침과 뜸으로 치료를 받아 보았습니다. 그러나 병원에 다닐 때 그때 뿐이었습니다. 혈액순환에 좋다는 약초를 찾아서 먹어보기도 하였으나 별 차도는 없었습니다. 그러던 중에 친구가 토르마늄 온열요법 건강관리를 하는데 좋은 곳이 있다며 소개해주었고, 처음 방문 후 이게 나한테 딱 맞는 것 같아 정말 열심히 다녔습니다. 언젠가부터 조금씩 시린 증세가 약하게 느껴지고 밤에 잠도 조금씩 편하게 잘 수 있었습니다. 이러한 시린 증세를 모르는 사람은 거짓말이라 생각할지도 모르겠지만 저는 정말 살 것 같았습니다. 토르마늄 온열 자극기를 통한 건강관리를 하게 된 것을 정말 감사하게 생각합니다.

문항준, 남, 병점, 33세

제가 처음으로 척추측만증을 앓게 된 것은 19살 때로 지금으로부터 14년 전입니다. 19살 때 군대 징병신체검사를 받기 위해서 검사를 받는 중에 군의관이 허리 엑스레이를 찍어오라고 해서 가보니 척추측만증이라고 진단을 내리셨습니다. 그 당시에는 그게 무슨 말씀을 하시는지 어떤 병인지 조차 알 수가 없었습니다. 그 후에 저는 아무 통증도 증상도 없어서 그냥 별거 아니겠지 라고 생각하며 지내던 중 어느 날 허리에 통증이 느껴지기 시작하였습니다. 그래서 서울대병원에 가서 검사를 해보니 고도 척추층만증 이라고 하셨고 치료방법은 수술이 있으나 수술을 해도 다시 재발 가능성이 높아 권하고 싶지 않다고 하시며 진통제만 주시며 상태가 더 악화되면 허리가 점점 휘어서 누워서 살아야 한다고 말씀 하셨습니다. 그 후에 한번 더 다른 척추전문병원에 가봐도 수술 외에는 별다른 방법이 없으며 이정도 고도 척추측만증에는 수술은 권하고 싶지 않다고 말씀 하셨습니다.

결국 병원에서 척추측만증으로 장애 5급을 받았고 점점 더 허리가 휘어지다 보니 손에도 감각이 없어져서 손을 털고 주무르게 되고, 허리가 아파 진통제를 먹으면서 잠을 자는 생활을 14년간 하였습니다. 그러던 중 한 분의 소개로 토르마늄 온열 자극기를 알게 되어 계속 사용하게 되었습니다. 이후 수일이 더 경과한 후, 항상 손으로 주위를 짚고서 일어나야 하는데 허리에 힘이 생겨서 자발적으로 일어설 수가 있었습니다. 그리고 한달 정도 더 토르마늄 온열자극기를 사용한 후에는 통증이 훨씬 나아짐을 느낄 수 있었습니다. 예전보다 훨씬 더 건강에 자신감을 갖게 되었고 허리가 더 좋아질 것이라는 확신을 갖게 되었습니다.

토르마늄 온열 자극기를 만난 것은 제 인생에서 정말 큰 행운입니다.

토르마늄 관련 특허

1 개요

앞장에서 기술한 인체에 이로운 토르마늄의 효과를 활용하고자, 토르마늄을 각종 제품에 적용하는 다양한 특허가 출원되고 있다. 현재까지 온열조합자극기, 지압 및 조합자극기 등 다양한 형태의 제품들에 대한 특허가 주로 출원되었으며, 기타 분야로, 토르마늄의 살균기능이나 항알레르기 효과 등을 활용한 제품들에 대한 특허가 출원되고 있다. 다양한 특허들 중에서도, 특히 온열자극기에 적용된 특허가 주를 이루고 있다. 이는 토르마늄의 재료 특성상 열전도율이 높으므로 온열 조합자극기와의 결합을 통해 시너지 효과를 일으키기에 적합하기 때문으로 볼 수 있다.

누가의료기 사에서는 토르말린, 게르마늄, 맥반석 및 화산암 등으로 구성된 복합 바이오세라믹인 토르마늄을 개발하여, 그 효과를 더욱 증대시키고자 하였다. 토르마늄은 혈액중의 전자농도 증가, 혈액순환 개선 및 통증완화 등에 효과가 있어 다양하게 활용되고 있다. 최근 누가의료기 사에서는 화학적 안정성에 뛰어나며 열 인가시 열전달이 빠르고 원적외선 방사율이 우수한 나노다이아몬드를 이용한 나노다이아몬드 토르마늄으로 발전시켰다.

토르마늄 제조방법이 개선되고 물성이 업그레이드 됨에 따라 그 이용 및 적용 사례도 다양해지고 있다. 다음 절에서는 토르마늄을 적용한 특허 사례를 살펴보고자 한다.

2 온열 조합자극기

(1) 폴더용 전신 조합자극기

본 발명은 사용자가 침대형 매트에 누운 상태로 경추와 흉추를 거쳐 요추, 대퇴부를 독립적으로 동시에 마사지를 수행하며 허벅지에서 종아리까지 온열 자극을 수행하며 보관이나 운반 시 접히는 폴더형 전신 조합자극기(그림 50)에 관한 것이다. 또한, 조합자극기 롤러 및 온열부에 토르마늄 재질의 패드를 부착하여 효능을 높혔다. 또한, 미사용 시 반으로 접혀 보관 공간의 제약을 완화하며, 캐리어 형태의 구조로 인하여 이동이 간편한 폴더형 전신 조합자극기를 제공하는 효과가 있다.

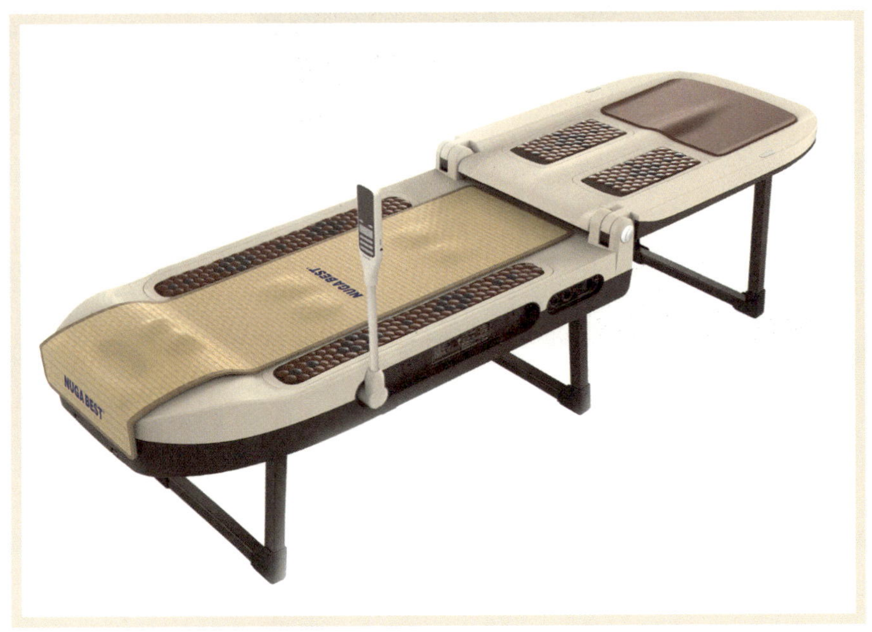

그림 50 폴더용 전신 조합자극기

출원인 : 조승현, 출원번호 : 1020130141308 (2013.11.20), 등록번호 : 1014521390000 (2014.10.10))

(2) 전신온열조합자극기

토르마늄 매트의 좌, 우의 온도를 독립적으로 조절하여 전신을 온열로 자극하는 조합자극기로 침대형과 매트형으로 사용가능하다(그림 51).

그림 51 전신온열조합자극기

(출원인 : 주식회사 누가의료기,출원번호 : 30-2014-0000421 (2014.01.03), 등록번호 : 30-0786774 (2015.02.27))

(3) 전신조합자극기

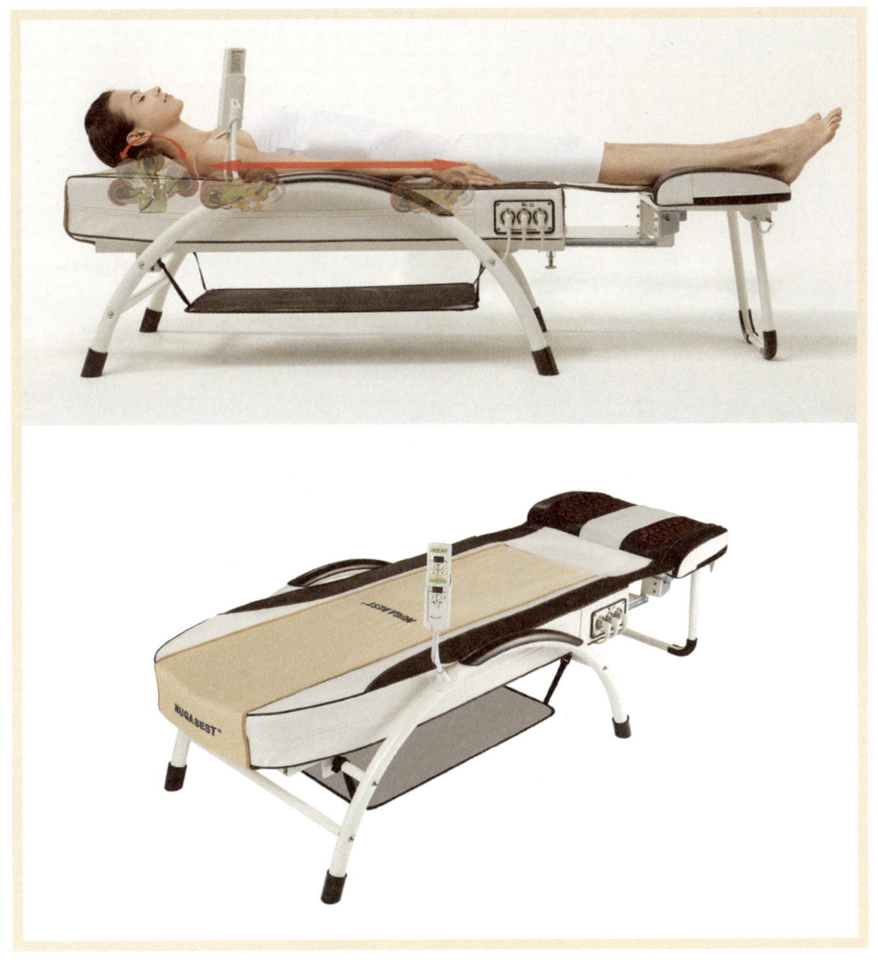

그림 52 전신조합자극기

(출원인 : 주식회사 누가의료기, 출원번호 : 1020130135727 (2013.11.08), 등록번호 : 1015217160000 (2015.05.13))

발명은 사용자가 침대형 매트에 누운 상태로 경추에서 흉추를 거쳐 요추까지 독립적으로 수행하고, 종아리에 저주파 온열 자극까지 동시에 수행하는 전신 조합자극기에 관한 것이다(그림 52). 베개, 종아리 마사지기 등을 포함한 별도의 기구가 필요없이 사용자가 하나의 침대형 매트에 누운 상태로 경추와 흉추에서 요추까지 독립적으로 동시에 마사지를 수행할 수 있고, 종아리부에 토르마늄 패드가 장착되어있으며, 온열 저주파 자극도 동시에 수행할 수 있는 효과가 있다

(4) 착용이 용이한 찜질 패드

본 고안은 발열수단이 설치된 찜질 패드에 관한 것으로, 패드 몸체가 사용자의 신체 일부에 용이하게 걸쳐질 수 있게 하였다. 찜질패드의 표층에 토르마늄을 삽입하여 살균기능을 수행하도록 하였다(그림 53).

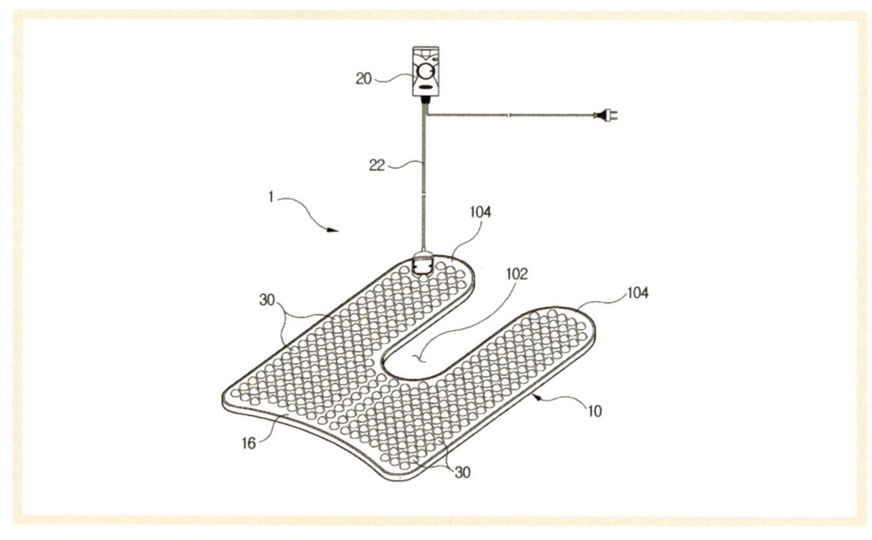

그림 53 착용이 용이한 찜질 패드

(출원인 : 주식회사 누가의료기, 출원번호 : 2020080006546 (2008.05.20), 등록번호 : 2004455340000 (2009.07.31))

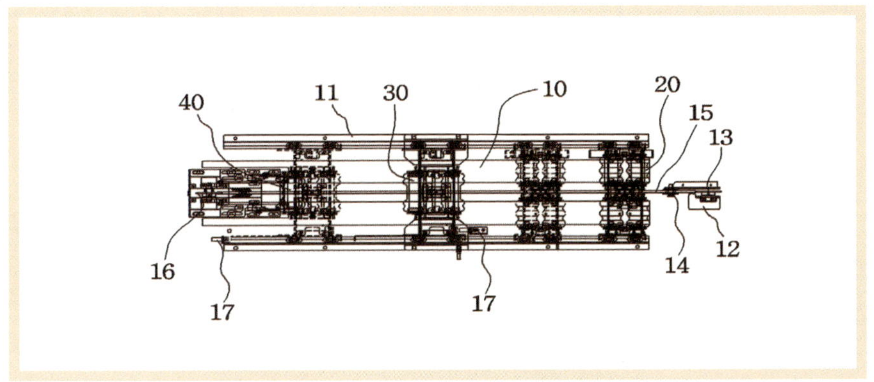

그림 54 전신 조합자극기의 프레임

(출원인 : 주식회사 누가의료기, 출원번호 : 1020130135726 (2013.11.08),
등록번호 : 1015217150000 (2015.05.13))

(5) 1.5 전신 조합자극기의 프레임 이송장치

본 발명은 전신 조합자극기의 프레임 이송장치에 관한 것으로서 별도의 기구가 필요없이 사용자가 하나의 침대형 매트에 누운 상태로 경추에서 요추, 대퇴부를 거쳐 종아리까지 독립적으로 동시에 마사지를 수행할 수 있다. 사용자가 누웠을 경우 매트와 형성되는 공간 없이 각 부위에 토르마늄 재질의 마사지 롤러가 밀착되어 전신에 효율적인 자극을 수행할 수 있으며 별도의 기구들을 통하여 각 부위를 마사지할 필요가 없으므로 마사지를 위한 소요 시간을 최소화하는 효과가 있다(그림 54).

3 지압 및 조합자극기

(1) 다기능 온열 저주파 발 자극기

본 고안은 발 자극기에 관한 것으로, 더욱 상세하게는 사용자가 발판 형태의 판과 발 지압판을 이용하여 저주파와 온열효과로 발을 자극하기 위해 고안된 다기능 온열 저주파 발 자극기에 관한 것이다. 또, 토르마늄을 부착하고 내부에 열선이 있는 발지압판이 구비되어 온열과 지압의 발자극도 받을 수 있고, 사용자가 원하는 발 자극을 선택해서 받을 수 있으며, 저주파 패치를 이용하여 발 이외의 다른 신체부위에도 저주파 자극을 받을 수 있는 효과가 있다(그림 55).

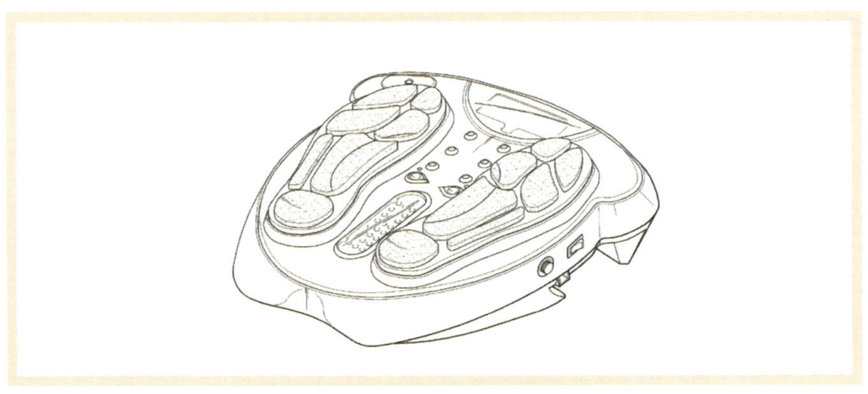

그림 55 다기능 온열 저주파 발 자극기

(출원인 : 주식회사 누가의료기, 출원번호 : 2020130010318 (2013.12.11), 등록번호 : 2004772280000 (2015.05.13))

(2) 다기능 온열 자극기

본 고안은 다기능 온열 자극기에 관한 것으로서, 세부적으로는 토르마늄을 부가하고, 쿠션감을 주어 신체에 밀착시킴으로써 허리 및 어깨 등 사용자가 원하는 부위에 온열 자극을 함으로써, 근육 통증 완화, 혈액순환을 활발하게 하는 기능을 한다. 본 고안에서는 장소에 구애받지 않고 사용이 가능하며, 내부에 충전용 배터리가 구비되어 충전식으로 사용할 수 있다. 별도의 선이 필요 없어 휴대와 사용이 간편하고, 내면부에 토르마늄이 부착되어 토르마늄이 열을 전달받아 온열 자극의 효과가 상승하고, 발포 폼이 부착되어 등받이 허리 쿠션 등으로 사용이 가능하고, 온열 자극으로 인하여 경직된 근육의 통증 완화 등의 효과가 있다(그림 56).

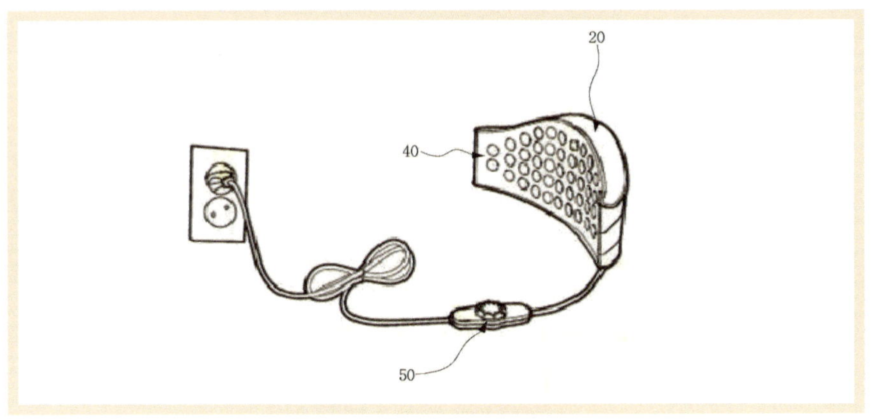

그림 56 다기능 온열 자극기

(출원인 : 조승현, 출원번호 : 2020130009207 (2013.11.08), 등록번호 : 2004764490000 (2015.02.24))

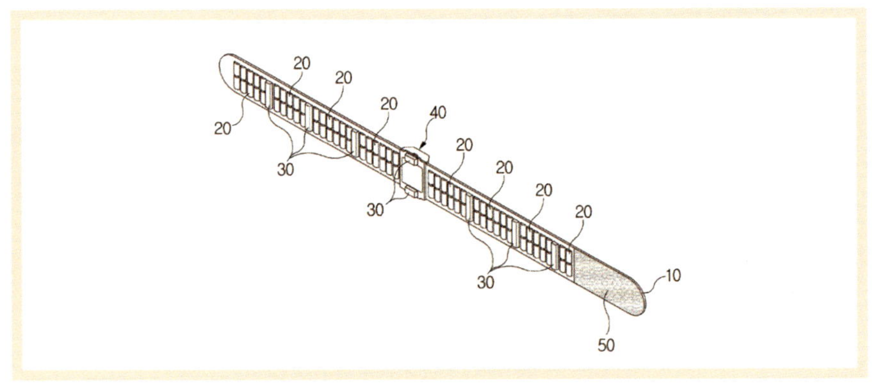

그림 57 휴대용 복합 저주파 자극기

(출원인 : 주식회사 누가의료기, 출원번호 : 2020130009209 (2013.11.08),
등록번호 : 2004805260000 (2016.05.30)

(3) 휴대용 복합 저주파 자극기

고안은 신체부위에 감싸는 벨트에 저주파패드 및 토르마늄 세라믹을 부가하여 신체에 밀착시킴으로써 허리 및 어깨 부위에 저주파 자극을 가하는 자극기다. 이는 저주파 발생을 위한 통전 고무와 토르마늄 세라믹으로 구성되는 벨트와 저주파를 발생시키는 부항식 패드로 구성되어 있어, 혈행을 촉진시키고 경직된 근육의 통증을 완화시키는 효능을 가진다. 또한, 복부를 따뜻하게 해주게 되어 생리통 완화, 체온 유지, 체질 개선, 다이어트, 체지방분해, 몸 속의 독소 및 노폐물 배출, 변비에도 효과가 있다(그림 57).

(4) 저주파 물리자극기

본 고안은 물리자극기에 관한 것으로 제품의 한 면에 토르마늄 세라믹을 일정간격으로 배열된 형태로 설치하여 원적외선을 방출하며 접촉부위 또는 주변부위를 자극하는 기능을 한다. 이를 통해 혈액순환개선과 통증완화의 효과를 극대화 시킬 수 있다(그림 58).

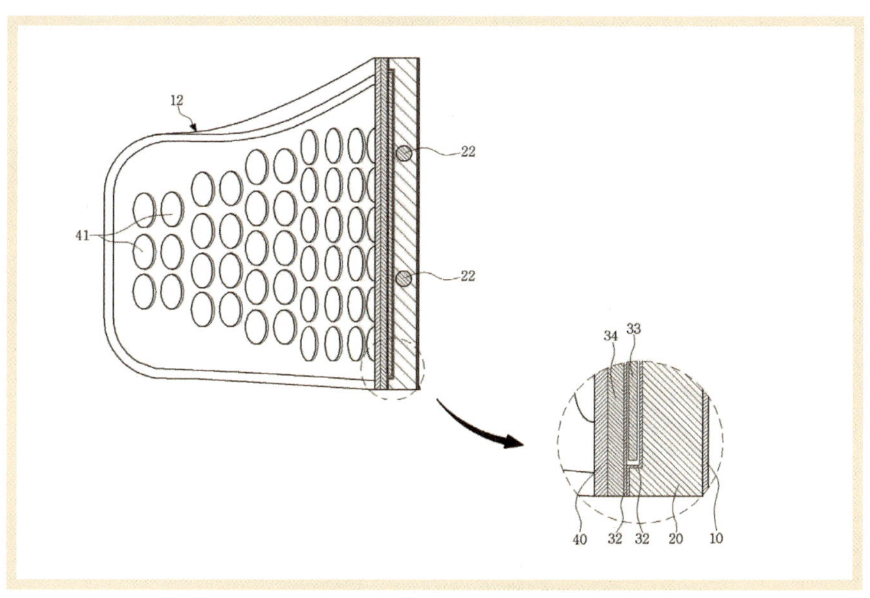

그림 58 저주파 물리자극기

(출원인 : 주식회사 누가의료기, 출원번호 : 2020100005649 (2010.05.31), 등록번호 : 2004640050000 (2012.11.30))

(5) 온열 자극기

본 고안은 일반적인 등받이 의자에 결합하여 척추와 대퇴부까지 원적외선 온열 자극을 수행할 수 있는 의자형 온열자극기에 관한 것이다. 대퇴부, 요추부, 흉추부 토르마늄 돌기가 형성되어 있는 등받이부로 구성되어 있으며, 기존에 사용되는 다양한 의자에 간편히 결합하여 온열 자극을 수행함은 물론 등받이가 없는 바닥이나 쇼파에도 간편히 거치할 수 있다. 토르말린, 게르마늄, 맥반석, 화산암 등이 혼합된 세라믹 결정체인 토르마늄 돌기를 구비하여 발열에 의한 원적외선 방출로 사용자의 등과 대퇴부에 효과적인 온열 자극을 수행하며, 내부의 열선에서

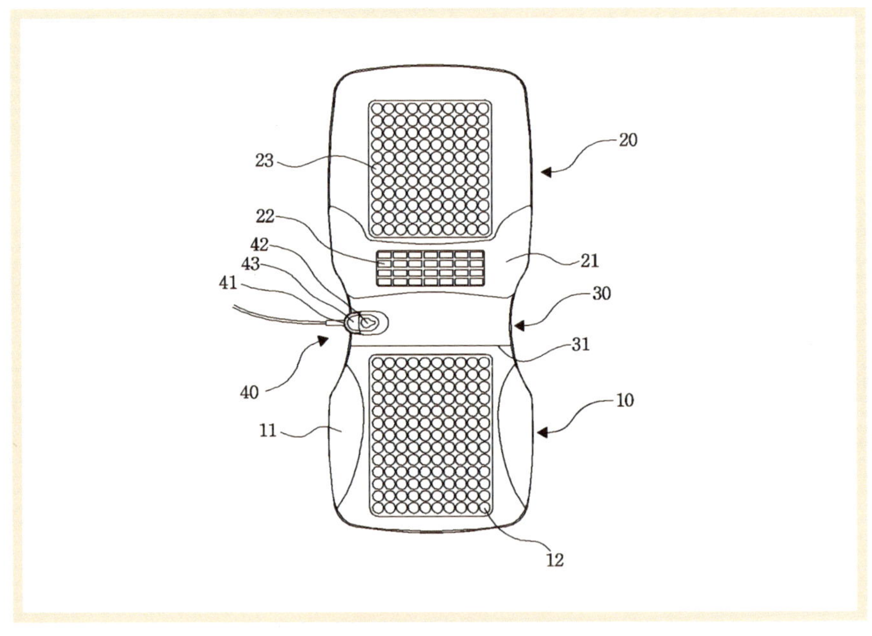

그림 59 온열 자극기

(출원인 : 주식회사 누가의료기, 출원번호 : 2020140003133 (2014.04.18), 등록번호 : 2004796770000 (2016.02.18))

발생되는 열을 효율적으로 쿠션부 전체로 확산시켜 단시간 내에 고른 온도를 형성하는 의자형 온열자극기를 제공하는 효과가 있다(그림 59).

(6) 온열 자극기용 온구기

본 발명은 온열자극기용 온구기에 관한 것으로 토르마늄 재질의 온열캡을 구비하여 옥, 게르마늄 등과 비교하여 온열자극 효과를 극대화하는 효과가 있다. 또한, 기존 온열자극기의 문제점이었던 화상 위험을 줄이기 위해 체결 러버의 색상을 통하여 사용자가 사용하기에 적정한 온도를 쉽게 파악할 수 있는 효과가 있다(그림 60).

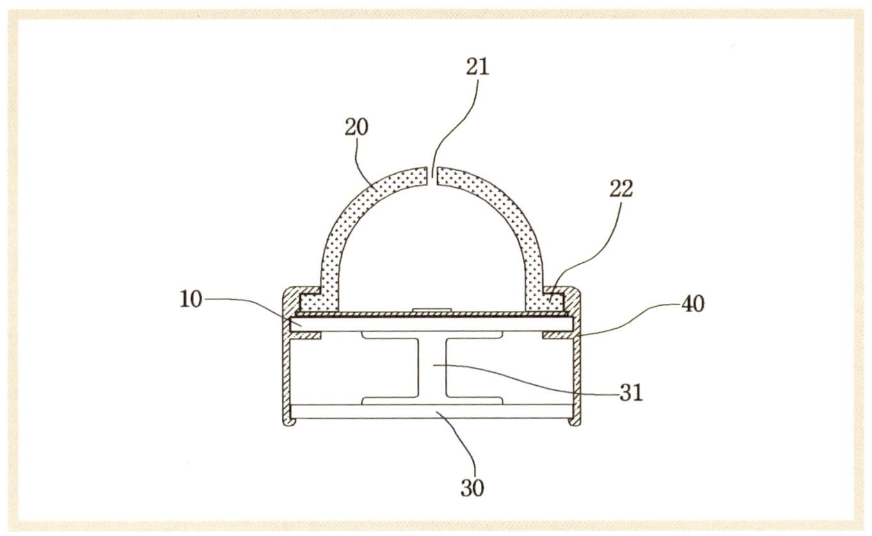

그림 60 온열 자극기용 온구기

(출원인 : 주식회사 누가의료기, 출원번호 : 1020150033630 (2015.03.11), 등록번호 : 1016107490000 (2016.04.04))

(7) 관절 온열 자극기

본 고안은 인체(무릎)에 일정한 열을 가하여 근육통 완화 및 온열 찜질 등에 사용하는 무릎 온열자극기에 관한 것이다. 기존 온열 자극에 더불어 무릎에 접촉되는 최하단 발열부에 원적외선 방사원단과 토르마늄 세라믹이 구비된 엠보싱 원단으로 구성되어있는 특징을 가지고 있다(그림 61).

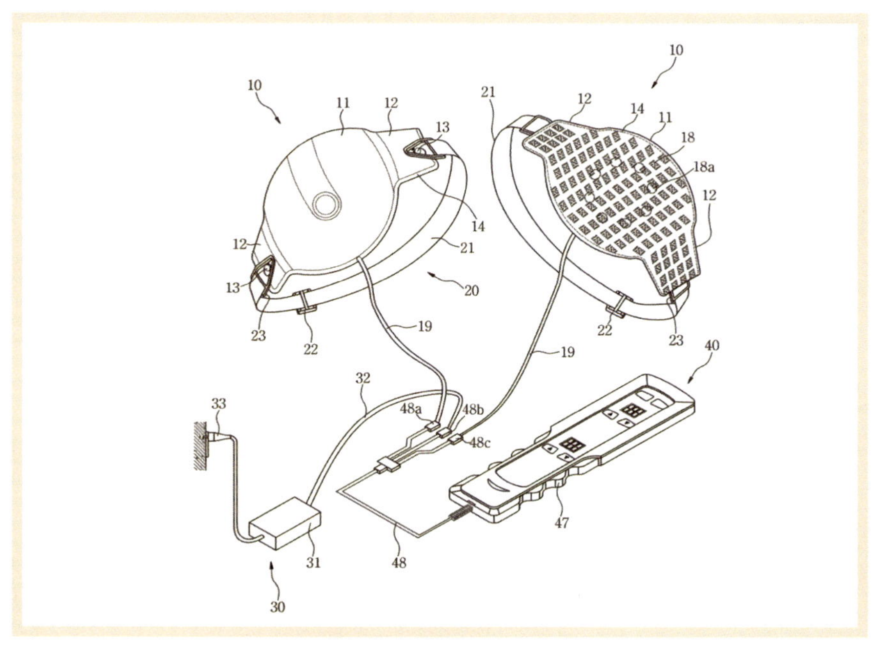

그림 61 관절 온열 자극기

(출원인: 주식회사 누가의료기, 출원번호: 2020070000317 (2007.01.08), 등록번호: 2004415880000 (2008.08.20))

4 기타용도

(1) 도자기 분수대

본 고안은 분수대용 도자기의 외벽에 형성된 홈 또는 무늬의 결을 따라 물이 흘러내리면서 실내의 습도를 조절할 수 있는 도자기이다.

이는 게르마늄, 옥, 토르마늄 및 일라이트 등의 세라믹으로 도포하고 이산화티타늄 또는 이산화티타늄졸을 이용하여 제조 또는 도포함으로써 물과 공기를 정화할 수 있다는 특징을 가지고 있다(그림 62).

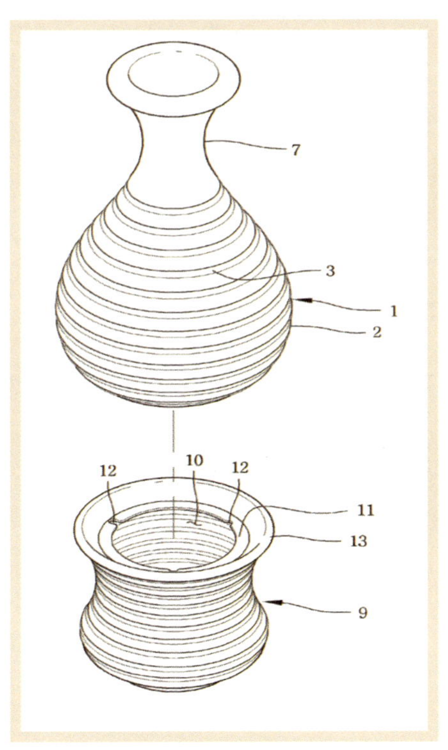

그림 62 도자기 분수대 이미지

(출원인 : 김영규, 출원번호 : 2020070012920 (2007.07.31), 등록번호 : 2004417410000 (2008.08.29))

(2) 휴대용 토르마늄 알칼리 환원수기

본 고안은 토르마늄을 포함한 다량의 미네랄 성분이 함유된 혼합물질로 구성된 환원수기 필터를 이용하여 물을 알칼리 환원수로 변화시키는 휴대용 환원수기이다. 마그네슘, 칼슘, 토르말린, 세라믹, 미네랄 밸런스로 구성되는 필터 구성물이 내장되어 있고, 토르마늄 세라믹이 결합된 필터가 있다. 이를 통해 적정 미네랄 상시 공급, 신체에 부족한 염류 보충, 활성산소 제거 능력을 배가 시킬 수 있는 효능이 있으며, 휴대가 가능하도록 하였다(그림 63).

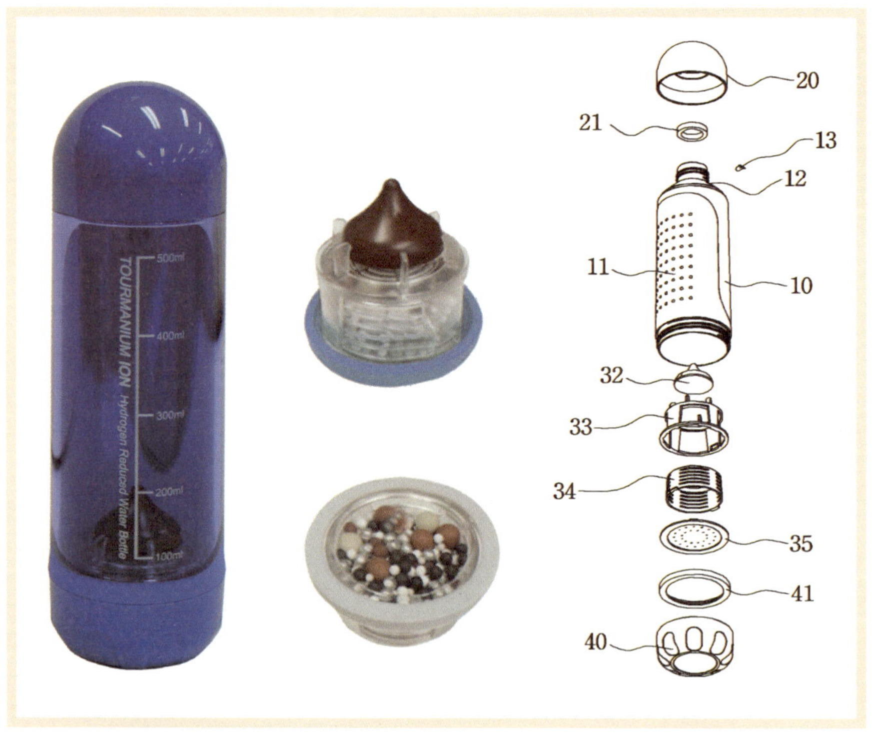

그림 63 휴대용 토르마늄 알칼리 환원수기

(출원인 : 주식회사 누가의료기, 출원번호 : 2020130000264 (2013.01.11),
등록번호 : 2004748510000 (2014.10.10))

(3) 식품저장용기 뚜껑구조

본 발명은 내부에 각종 식품을 저장하도록 사용하는 식품저장용기 뚜껑구조에 관한 것으로 용기의 뚜껑에 토르마늄을 용이하게 장착 및 해제할 수 있는 결합구조를 형성한다. 토르마늄이 음식의 산화를 억제하고 음식표면을 애워 싸 공기 중의 노출을 줄여줌으로써, 장기간 신선도를 유지시켜주고, 비타민C 파괴를 억제하여 음식의 변성, 변색을 방지하는 효능을 가진다(그림 64).

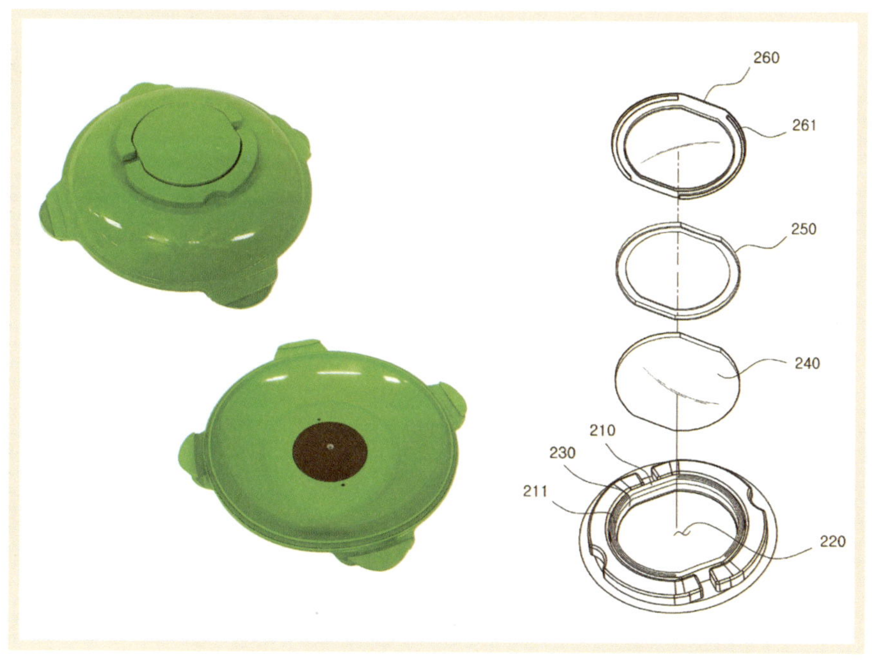

그림 64 식품저장용기 뚜껑구조 이미지

(출원인 : 김매화, 출원번호 : 1020130013477 (2013.02.06), 등록번호 : 1014593840000 (2014.11.03))

5 적용사례로 본 토르마늄의 효능

토르마늄의 효능(원적외선 방출, 살균효과, 약학적 효과 등)을 이용한 기존의 다양한 출원 및 등록 특허가 있었다. 현재까지 토르마늄을 이용한 특허 사례를 보면 주로 온열 자극기로 사용되는 것을 알 수 있다. 관절 온열자극기, 저주파 물리자극기, 손을 위한 저주파 온열 자극기, 휴대용 복합 저주파 자극기, 다기능 온열 자극기, 다기능 온열 저주파 발 자극기, 의자형 온열 자극기, 온열자극기용 온구기가 이에 해당된다. 온열 자극기는 경직된 근육의 통증 완화와 더불어 혈액순환을 활발하게 하는 기능을 가지고 있는데, 이에 토르마늄을 적용하여 원적외선 방출을 통해 그 효과를 증대시키고자 하였다. 토르마늄은 온열에 의해 더욱 그 효과가 증대되며, 열 전도율을 높이기 때문에 온열자극기 및 저주파 자극기에 적용되는 예가 많이 나타난다.

이외에도 토르마늄은 지압 및 마사지기에도 적용된 사례로는 다양한 특허들(냉온 발지압매트, 착용이 용이한 찜질 패드, 전신 마사지기의 마사지 프레임 이송장치, 전신 마사지기, 전신 마사지기, 폴더형 전신 마사지기)이 있다. 이러한 마사지기는 앞서 언급한 온열 자극과 결합하여 제작될 뿐 아니라 토르마늄의 살균기능을 이용하여 여러 사용자가 사용해도 자체의 살균 기능을 통해 청결한 기기 상태를 유지할 수 있다는 장점을 부각시켰다.

앞서 살펴본 온열자극기 및 마사지기에의 적용의 경우, 유사한 기능을 하는 다수의 특허들이 존재하지만, 다른 효능을 이용한 소수의 특허들도 존재했다. 도자기 분수대의 경우, 게르마늄, 옥, 토르마늄 및 일라이트 등의 세라믹으로 도포하고, 이산화티타늄 또는 이산화티타늄졸을 추가하여 물과 공기를 정화할 수 있다는 특성을 이용하였다. 휴대용 토르마늄 알칼리 환원수기의 경우, 토르마늄을 포함한 다량의 미네랄 성분이 함유된 혼합물질로 구성된 환원수기 필터를 이용하여 물을 알칼리 환원수로 변화시키는 휴대용 환원수기이다. 이를 통해 적정 미네랄 상시 공급, 신체에 부족한 염류 보충, 활성산소 제거 능력을 배가 시킬 수 있는 효능을 하며, 휴대가 가능하도록 하였다. 식품저장용기 뚜껑구조의 경우, 각종 식품을 저장하도록 사용하는 식품저장용기 뚜껑구조에 관한 것으로 용기의 뚜껑 제조시 토르마늄을 이용하였다. 토르마늄이 음식의 산화를 억제하고 음식표면을 애워 싸 공기 중의 노출을 줄여줌으로써, 장기간 신선도를 유지시켜주고, 비타민C 파괴를 억제하여 음식의 변성, 변색을 방지하는 효능을 이용하였다.

토르마늄을 이용하여 특정 질환의 예방 및 개선을 위한 사례도 존재한다. 토르마늄을 유효성분으로 함유하는 항알레르기 효과를 갖는 조성물의 경우 토르마늄을 이용한 비만세포의 알레르기 유발물질 분비억제 효과, 세포독성 측정, 피부감작시험 등의 실험을 통해 항알레르기 효과를 확인하였다. 이 조성물을 활용한다면 다양한 알레르기 증상을 완화하기 위한 항알레르기제 개발로 이어져 유용하게 이용될 가능성이 높다. 토르마늄의 근위축 예방 또는 개선을 위한 용도의 경우, H_2O_2 를 통한 근육세포의 괴사 유도 후, 토르마늄에 의해 세포 생존율이 회복되는 것을 확인하였으며, 근위축 동물모델을 활용하여 적출된 근육의 무게를 통해 토르마늄과 온열 자극을 가한 동물들에게서 근위축이 예방되는 결과를 확인하였다. 따라서 토르마늄이 근세포 손상 및 괴사를 예방하고, 신경손상으로 인한 근위축에 항근위축 활성을 나타낸다는 것이 최초로 규명되었으며, 추후 근위축 예방 및 개선의 한 방법으로 토르마늄이 제안될 수 있을 것이다.

참고 문헌

- 토르말린이란? (에이네트 주식회사)
- 토르마린이란; 건강 (토르마린 코리아)
- 토르마린 (Tormarin USA)
- 게르마늄의 기능 및 효능 (대학약국)
- 게르마늄이란, 게르마늄의 효능, 효과 (그리니찌 게르마늄 쥬얼리)
- 게르마늄이란? (헬씨언)
- 웰빙생활; G132(게르마늄)의 효능 (힐멘토리아)
- 맥반석은? (㈜ 세진)
- 맥반석 이야기 (㈜가이아)
- 맥스톤 (녹색 웰빙스톤 맥스톤)
- 화산의 생명력이 피부로 전해진다 (뉴스캔, 2008.02.26)
- 광물; 화산암 (㈜ 에이치케이)
- 옥의 효능; 기가 충만해지면 뇌파가 활성화된다 (세진옥광산)
- 옥의 효능 (㈜ 가이아세라믹)
- 옥의 효능 (팜다이렉트 춘천연옥 흙침대)
- 토르말린 환경건강법 (Tatsuzo Nagai, 다이아몬드 사)
- 행복 효과 음이온의 긍정적인 효과 (Earl Mindell, 스퀘어원)
- 치유의 물 (Healing Waters) 이온수의 강력한 치유 효과 (Ben Johnson, 스퀘어원)
- 음(-)이온의 효능 - 건강을 다스리는 음(-)이온 (지철근, 리빙북스발행 2003.06.30., 171pp, ISBN:8989727103)
- 125세 건강 장수법 (유병팔, 에디터(editor)발행, 2017.02.21. 228pp, ISBN:9788967441715)
- 〈100세 시대 건강법〉 샘터 11월호 (박민선 의학박사)
- [100歲 시대 건강비결(健康秘訣)] 글/박명윤(보건학박사, 국제문화대학원대학교 석좌교수)

- 암을 치유한 사람들 이야기 (제주광장, 2015.03.20.)
- 5차 건강혁명시대 자연치료:칭찬치료 인체정화치료 물치료 햇빛치료 숲치료 (천광례, 박세영, 한광일, 최재용, 최은미, 매경출판, 2017.07.22. 304pp, ISBN:9791155427040)
- 출원인: 조승현, 출원번호: 1020130141308 (2013.11.20), 등록번호: 1014521390000 (2014.10.10)
- 출원인: 주식회사 누가의료기, 출원번호: 30-2014-0000421 (2014.01.03), 등록번호: 30-0786774 (2015.02.27)
- 출원인: 주식회사 누가의료기, 출원번호: 1020130135727 (2013.11.08), 등록번호: 1015217160000 (2015.05.13)
- 출원인: 주식회사 누가의료기, 출원번호: 2020080006546 (2008.05.20), 등록번호: 2004455340000 (2009.07.31)
- 출원인: 주식회사 누가의료기, 출원번호: 2020080006546 (2008.05.20), 등록번호: 2004455340000 (2009.07.31)
- 출원인: 주식회사 누가의료기, 출원번호: 1020130135726 (2013.11.08), 등록번호: 1015217150000 (2015.05.13)
- 출원인: 주식회사 누가의료기, 출원번호: 2020130010318 (2013.12.11), 등록번호: 2004772280000 (2015.05.13)
- 출원인: 조승현, 출원번호: 2020130009207 (2013.11.08), 등록번호: 2004764490000 (2015.02.24)
- 출원인: 주식회사 누가의료기, 출원번호: 2020130009209 (2013.11.08), 등록번호: 2004805260000 (2016.05.30)
- 출원인: 주식회사 누가의료기, 출원번호: 2020100005649 (2010.05.31), 등록번호: 2004640050000 (2012.11.30)
- 출원인: 주식회사 누가의료기, 출원번호: 2020140003133 (2014.04.18), 등록번호: 2004796770000 (2016.02.18)
- 출원인: 주식회사 누가의료기, 출원번호: 1020150033630 (2015.03.11), 등록번호: 1016107490000 (2016.04.04)
- 출원인: 주식회사 누가의료기, 출원번호: 2020070000317 (2007.01.08), 등록번호: 2004415880000 (2008.08.20)
- 출원인: 김영규, 출원번호: 2020070012920 (2007.07.31),

등록번호: 2004417410000 (2008.08.29)

- 출원인: 주식회사 누가의료기, 출원번호: 2020130000264 (2013.01.11), 등록번호: 2004748510000 (2014.10.10)
- 출원인: 김매화, 출원번호: 1020130013477 (2013.02.06), 등록번호: 1014593840000 (2014.11.03)
- Dae Won Lee, Ji Hyung Park, Si Nae Eom, Do Won Kim, Syung Hyun Cho, Chang-Yong Ko and Han Sung Kim. Effects of Combined Stimulus on Stress Relief. Journal of Biomedical Engineering Research. (33). 194-201. (2012)
- Do-Won Kim, Dae Woon Lee, Joergen Schreiber, Chang-Hwan Im and Han sung Kim. Integrative Evaluation of Automated Massage Combined with Thermotherapy: Physical, Physiological, and Psychological Viewpoints. BioMed Research International. (2016). Article ID 2826905.
- 끼랴노바, 막시모프, '마사지-온열 자극기 N5 임상결과보고서', I.I. 메치니코프 공립 의과 대학 (2015)
- 김성훈, '개인용조합자극기[NM-2500A(S)] 임상시험 결과 보고서', 연세대학교 원주 세브란스 기독병원(2016)

그림 출처

- 그림 1 https://www.shutterstock.com
- 그림 5 https://www.shutterstock.com
- 그림 6 https://www.shutterstock.com
- 그림 9 https://www.shutterstock.com
- 그림 10 https://www.shutterstock.com

저자 약력

김한성

- 1999 年 UMIST 응용역학(공학박사)
- 2011~2012.8 연세대학교 의료공학연구원 원장
- 2013~2017.8 연세대학교 우주생명과학연구단 단장
- 2010 ~ 2016 연세대학교 프라운호퍼 IKTS-MD 의료기기 공동연구센터 센터장
- 2002 ~ 現 연세대학교 의공학부 교수

이지환

- 1984 年 동경공업대학 재료공학(공학박사)
- 1990 年 Wright Patterson Air Force Materials Lab Visiting scientist
- 2005 年 인하대학교 공과대학 신소재연구소 소장
- 2009 年 한국마이크로중력학회 회장(現 : 명예회장)
- 1984 ~ 現 인하대학교 공과대학 신소재공학과 교수

김택중

- 2005 年 홋카이도대학교 약학(약학박사)
- 2014 ~ 現 한일 연구자 교류협회 국제협력위원장
- 2008 ~ 現 연세대학교 생명과학기술학부 교수

인체에 이로운 광물

토르마늄

지은이 김한성, 이지환, 김택중
펴낸곳 연세대학교 대학출판문화원

주 소 서울시 서대문구 연세로 50
전 화 02) 2123-3380~2
팩 스 02) 2123-8673
ysup@yonsei.ac.kr
http://press.yonsei.ac.kr
등 록 1955년 10월 13일 제9-60호
인 쇄 (주)동국문화

2017년 10월 19일 1판 1쇄
2018년 10월 26일 1판 4쇄

ISBN 978-89-6850-193-7(93460)

값 15,000원